チョウはなぜ飛ぶか

日高敏隆

JN029900

岩波少年文庫 251

もくじ

写真＝岩波映画製作所・関戸勇
本文さし絵＝村田道紀
カバー・扉画＝舘野鴻

チョウはなぜ飛ぶか

I　チョウの飛《と》ぶ道

芽生《めば》えたぎもん

小学校のころ、ぼくはおもしろいことに気がついた。

その当時、ぼくは東京の渋谷《しぶや》に住んでいたのだが、そのあたりは今とちがって空地が多く、チョウもそのほかの昆虫《こんちゅう》もたくさんいた。クヌギの木をまわって歩けば、昼間でも、カブトムシの一ぴきぐらいはとることができた。どうしても姿《すがた》を見ることができなかったチョウといえば、オオムラサキぐらいのものであった。

日中戦争《にっちゅうせんそう》はすでに始まっており、第二次世界大戦《だいにじせかいたいせん》直前の世界は不安《ふあん》にみちていたが、子どもにとっては、何かたいへんなことがおこりつつあることをときどき感じるだけで、チョウやカブトムシのほうが、よほどだいじなものであった。

ぼくの住んでいた家は、今流行のマイ・ホームではなくて借《か》り家《や》であったが、小さな庭がついていた。縁側《えんがわ》のところにはいつも一本の捕虫網《ほちゅうあみ》と運動ぐつとがおいてあって、夏休みには、たとえ本を読んでいるときであろうが、食事中であろうが、庭にチョウがやってくると、阿修羅《アシュラ》のように、ぼくは飛《と》びだしていって、そのチョウをつかまえるのだった。

庭の大きさはもうよくおぼえていない。とにかく子どもの目にはかなり広く思えた。けれど、中学四年(そのころ中学は五年まであった)の春、空襲《くうしゅう》でその家が焼《や》け、一面の焼《や》け野原《のはら》の中で庭がどこからどこまであったかを測《はか》ってみたとき、じっさいには、ずいぶんせまかったことに気がついた。

とにかく、その庭は南北にすこし長く、南半分には何本かの木が生えていた。北半分つまり家に近いほうのよく日のあたる部分には、まねごとのように野菜《やさい》を植えていた。庭にはいろいろなチョウがやってきたが、アゲハチョウやクロアゲハもよく飛んできた。花も何もないので、西どなりの家の庭からすっと入ってきたかと思うと、たちまち東どなりの庭に出ていってしまう。だから、ぼくが阿修羅《アシュラ》のように飛びだしていかなければ、アゲハをつかまえることはできなかったのだ。

ふしぎなことに、アゲハチョウはけっして野菜畑《やさいばたけ》の上を横切って飛ぶことがなかった。いつも庭の南半分の、木のあたりを飛んでゆくのである。クロアゲハはその傾向《けいこう》がもっと強かった。そしてそのことは、アゲハチョウやクロアゲハが西どなりの庭から入ってこようが東どなりの庭のほうからあらわれようが、ほとんどかわりなかった。ぼくが気づいたおもしろいことというのは、これであった。チョウの飛ぶ道はきまっているのだろうか?

それからぼくは、外へでてしらべはじめた。虫とりのおかげで、もともとひよわだった体もすっかり丈夫《じょうぶ》になってきたので、あつい夏の日ざしの中を歩きまわっても平気になっていた。近くの地形や木の生えぐあい、木の種類《しゅるい》などを書いた地図に、アゲハチョウやクロアゲハがどこを通って飛ぶかを書きこんでいったのである。

二、三日もすると、思ったとおりであることがわかってきた。アゲハチョウはいつもほとんどきまった道に沿《そ》って飛んでいる。たとえば、近くを南北の方向に走る道路の東側《ひがしがわ》には農園があって、そのへりにネズミモチの木が一列に植えられている。夏になると、その木には白い花が咲《さ》き、アゲハチョウやアオスジアゲハがやってきて、そのミツを吸《す》う。そして、アゲハチョウはこの道路を南からやってきたものも北からやってきたものも、いつもこの植えこみに沿《そ》って飛んでゆくのである。

アゲハが南から飛んできた場合、まもなくこの植えこみはおわってしまう。その先はどうなるだろう?

農園の北側《きたがわ》の部分は小さな公園になっていて、ブランコやすべり台や鉄棒《てつぼう》がおいてあった。そしてその道路ぎわには、カシの木そのほかよく名前のわからなかった木が植わっていた。アゲハはこの木に沿《そ》ってさらに北へ飛ぶ。

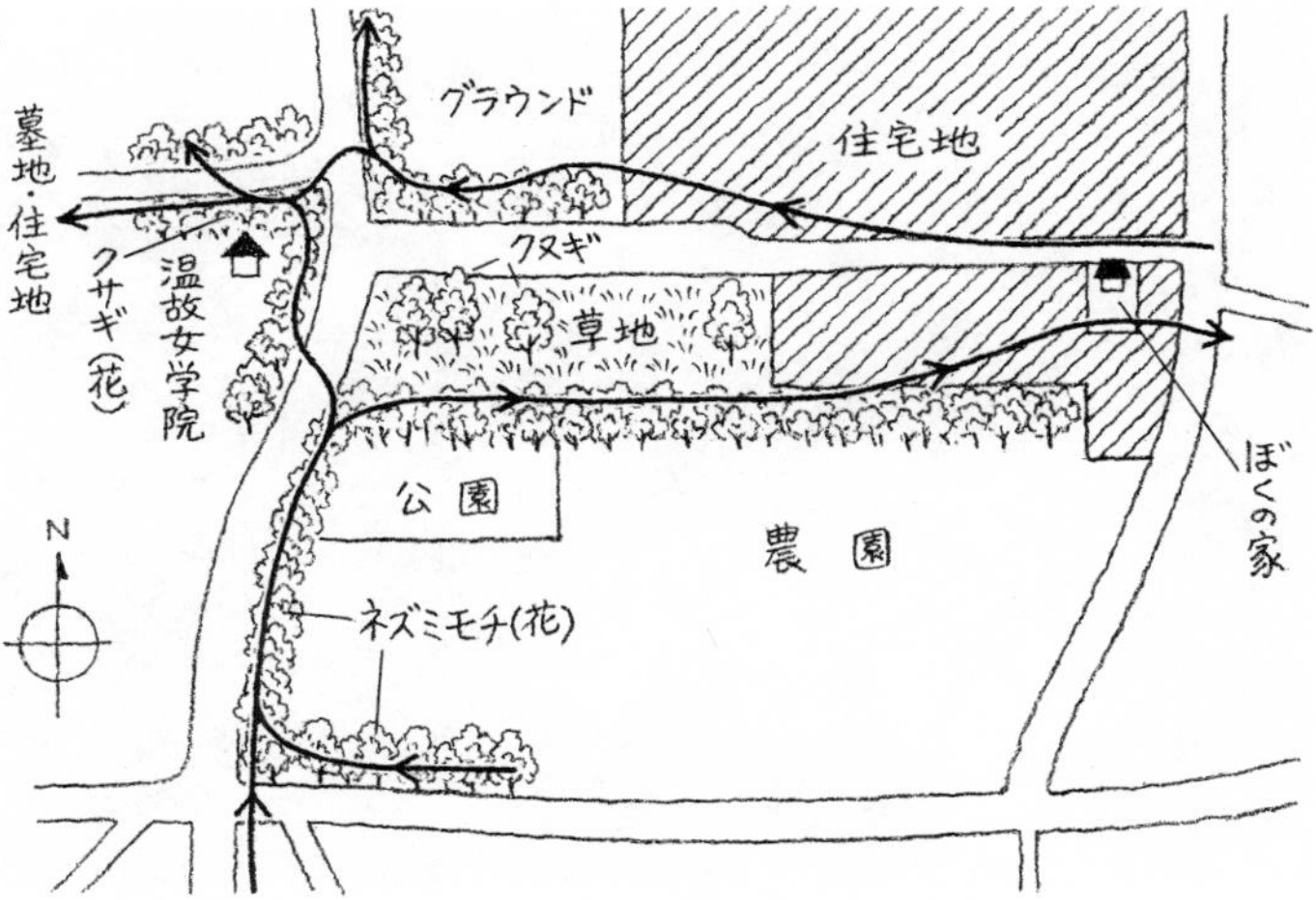

ぼくが小学校のころ住んでいた家の付近《ふきん》で観察《かんさつ》したアゲハチョウの夏のチョウ道。そのころのノートをもとにして、のちにまとめたもの。クロアゲハのチョウ道はアゲハチョウのとはすこしちがい、木かげを通ることが多い。

公園の北側《きたがわ》はすぐ空地になっていて、そこにはイネ科の雑草《ざっそう》が一面に生えており、木としてはものすごく背《せ》の高いクヌギがとびとびに離《はな》れて何本か生えているだけだった。

アゲハは公園の木のはずれまでくると、さっと道路を横断《おうだん》する。そして、道の西側《にしがわ》に生えた木に沿《そ》って飛んでいって、もうすこし北にある温故女学《おんこじょがく》院《いん》という小さな学校のうらに生えているクサギのところへゆき、そこでちょうど満開《まんかい》の花からミツを吸《す》う。

アゲハの仲間《なかま》はクサギの花が好《す》きだ。たくさん集まってきてミツを吸《す》う。ただしアオスジアゲハはこの花にはほとんどやってこないで、もっぱらヤブカラシの花をおとずれる。

このクサギの花のあるところから西のほうは、墓地《ぼち》と住宅地《じゅうたくち》になっていて、やはり木が列をなして生えている。ミツを吸《す》いおわったアゲハは、どうもそちらへ飛んでゆくらしいのだが、道がせまくてしかも切通《きりどお》しのように低《ひく》くなっているので、よくたしかめることができなかった。

反対に、その墓地《ぼち》のほうからやってきたアゲハは、今いったコースを逆《ぎゃく》にたどっていってやがて道をわたり、道の東側《ひがしがわ》の木に沿《そ》って飛んで、農園の植えこみの木でミツを吸《す》う。

ぼくの家の庭へくるのには、どこを通るのだろうとしらべてみると、これはどうやら、農園の北の境《さかい》に東西に生えている木に沿《そ》って、東向きに飛んでゆくものらしいと思われた。けれど、その途中《とちゅう》には何軒《なんけん》も家があり、こわいイヌがいたり、農園の中へ入ってチョウを追ってゆくと、たいてい管理人《かんりにん》につかまってしまうので、これもあまりよくたしかめることはできなかった。

とにかく、アゲハチョウが道のまん中を飛んでゆくことはまずけっしてない。いつも道のへりの植えこみについて飛んでいるようであった。そして、そのルートは、高さに上がり下がりがあるとはいえ、いつもきまっていて、捕虫網《ほちゅうあみ》をふっておどかしたりしないかぎり、どのアゲハもそのルートにしたがって飛んでいた。

どうして、そんなにきちんときまったルートができるのだろう？　ぼくはそれがふしぎだった。

今いったルートは、花と花をむすんでいる。この近くではどことどこに花があるか、アゲハはちゃんと知っているのだろうか？　アゲハはそれを自分の経験《けいけん》でおぼえたのだろうか？　もしそうだったら、サナギからかえったばかりで、まだ花のありかを知らないアゲハは、やたらなところを飛んでもいいはずではないか？

それともアゲハは、仲間《なかま》から道を教わるのだろうか？　そんなことはあまりありそうもないが……。

そのようなことを考えながら、ぼくは根気よく、毎年毎年、アゲハの飛ぶ道を記録《きろく》していった。夏の道ばかりでなく、春にでてくる春型《はるがた》のアゲハについてもしらべてみた。すると、おどろいたことに、春の道と夏の道はちがうことがわかった。

しかも、春、いちばん早くあらわれたアゲハチョウは、前の年の春のアゲハが飛んだのとまったく同じ道に沿《そ》って飛ぶのである。このアゲハがほかのアゲハから道を教わることはありえない。なぜならそのアゲハは今年最初《さいしょ》のアゲハであり、前の年のアゲハは去年の秋にはみな死んでしまっている。教えてもらえるはずがない。それなのに、前の年の春のアゲハと同じ道を飛ぶのだから、そこにはなにかわけがあるにちがいない。

ずっとのち、つまりそれから十何年もたって、このわけがよくわかったころ、ぼくは、ある新聞記者とのインタビューのとき、このことのあらましを話した。記者はそれをうまくまとめて新聞にのせた。それからしばらくして、ある宗教団体《しゅうきょうだんたい》の出版《しゅっぱん》している月刊《げっかん》のパンフレットがぼくのところへ送られてきた。なんだろうと思って開いてみると、その新聞を引用してアゲハチョウのことが書いてあって、「まったくだれにも教わらないのに、アゲハチョウにはちゃんと去年の道がわかる。これこそ科学の力ではわからない神の摂理《せつり》ではないだろうか。」とむすばれていた。

科学によって、すべてがわかるかどうかはたいへんむずかしい問題だが、その議論《ぎろん》は今はやめておこう。とにかくぼくは、その当時、春の最初《さいしょ》のアゲハが去年の春と同じ道を飛ぶのには、きっとなにか、それなりのわけがあると考えた。もちろん、神の摂理《せつり》だなどとは考えなかった。むしろ、きっともっとかんたんな理由があるにちがいないと考えていたのである。

けれど、じつをいうと、その「わけ」がどんなものか、ぼくには、まったくわからなかった。小学生のちえではわかるはずがなかった、といいたいのではない。ものごとはただまじめに考えていればだんだんにわかってくる、というものではないのである。

なぜだろう、なぜだろうと、子ども心に毎日毎晩《まいばん》（といってしまってはオーバーかもしれない。ほんとうはときどきというべきだろう）考えていたが、これといって何かをハタと思いつくわけでもなかった。

そのうちに、あるまったく偶然《ぐうぜん》のことが、ぼくに一つのことを気づかせてくれた。

チョウの採集家《さいしゅうか》の間には、「迷《めい》チョウ」ということばがある。もともとはその土地にいないチョウが、台風にのせられたりして迷《まよ》いこんでくることである。日本ではマダラチョウ科のカバマダラなどがその例《れい》である。このチョウはもともと奄美《あまみ》より南に定着し繁殖《はんしょく》しているのだが、それがひょっこり本州でとれたりする。あるいは、だれかが山でとってきたチョウの幼虫《ようちゅう》を飼《か》って親になったチョウがたまたま逃《に》げだしたため、東京で高山チョウがとれたりする。こういうのを迷《めい》チョウというのである。迷《めい》チョウでなく、迷《めい》ゼミの場合もある。ふだん東京にはいなくて湘南《しょうなん》地方から南にいるクマゼミが、毎年一ぴきぐらいは東京にあらわれて鳴くことがある。

どういういきさつであったかは知らない。とにかく、ぼくが小学校五年か六年の夏、一ぴきのモンキアゲハが渋谷《しぶや》にあらわれた。このチョウは神奈川県《かながわけん》より西のほうにいるチョウで、ふつう東京にはみかけないチョウであった。姿《すがた》はぜんたいとしてはクロアゲハに似《に》ており、分類学的《ぶんるいがくてき》にもクロアゲハの仲間《なかま》である。幼虫《ようちゅう》もクロアゲハの幼虫《ようちゅう》によく似《に》ているが、クロアゲハのようにカラタチではなくミカンを好《この》んで食べるためか、ミカンがよく育たない地方にはほとんどいないのだ。

そのモンキアゲハが、ひょっこり東京の渋谷《しぶや》に出現《しゅつげん》したのである。ぼくがこうふんしたのもむりはない。クロアゲハだと思っていた大きな黒いアゲハに、黄色の紋《もん》がチラチラみえる。「モンキアゲハだ！」と思ったとたん、ぼくの体は硬直《こうちょく》してしまった。近くへきたとき、ここぞ、とばかり網《あみ》をふったが、そんなにこうふんしているときには、うまくゆくはずはない。網《あみ》は木の枝《えだ》にぶつかってしまい、モンキアゲハはフワフワと飛んでいってしまった。

「ちくしょう、残念《ざんねん》！」と思って、まだこうふんさめやらぬぼくの頭を、ふと（あるいは

モンキアゲハ。クロアゲハの仲間《なかま》で、夏型《なつがた》のメスは日本でいちばん大きなチョウといえる。後翅《うしろばね》にうすい黄色の紋《もん》があるので、紋黄《もんき》アゲハとよばれる。

負け惜《お》しみか?)、あのモンキアゲハはどの道を飛ぶだろうか?という考えがかすめた。あのチョウは、ほんとうに偶然《ぐうぜん》にここを通りかかったのだ。けっしてここで生まれたのではない。その証拠《しょうこ》に、そのモンキアゲハはここにあらわれたときから、もうだいぶ翅《はね》がこわれていて、アゲハの仲間《なかま》の一般的《いっぱんてき》な特徴《とくちょう》である尾状突起《びじょうとっき》もなかった。きっとどこからか追われ追われて、とうとうこの渋谷《しぶや》へまぎれこんできたにちがいない。生まれてはじめて迷《まよ》いこんだ土地で、そのチョウはどういう道を飛ぶであろうか?

さいわいなことに、そのモンキアゲハは、それから三日ばかり渋谷《しぶや》のぼくの住んでいるあたりにとどまっていた。そしてその三日間、一日に何度となく、同じ場所に姿《すがた》をあらわした。その場所とは、さっきいった小さな学校のクサギの花であった。

そのクサギの木への行き帰りに、彼《かれ》は(なぜならそのモンキアゲハはオスであったから)、もとからそこにいるアゲハと同じ道をとおって飛んだ。もっと正確《せいかく》にいえば、ふつうのアゲハチョウのではなく、それとすこしちがうクロアゲハの道をとおって飛んだのである。

春はじめてサナギからかえったアゲハチョウが、去年の春のアゲハと同じ道を飛ぶ。生まれてはじめての土地へ迷《まよ》いこんできたモンキアゲハが、その土地で生まれたクロアゲハと同じ道に沿《そ》って飛ぶ。これは、どういうことを意味しているのだろうか?

それは、アゲハチョウがどの道を飛ぶかを仲間《なかま》から教わることも意味していないし、この土地にはどこに花があるかあらかじめ知っていることも意味していない。アゲハチョウたちの飛ぶ道は、何かもっと外からの条件《じょうけん》できめられているのではないか？　いいかえれば、アゲハたちは何かの理由で、どうしてもその道を飛ばねばならないのではないだろうか？

その「何か」の理由としては、いろいろなことが考えられた。たとえば風だ。あんなに大きな翅《はね》をもったチョウの飛ぶ道は、風、つまり空気の流れにすごく左右されるだろう。たしかに高い建物《たてもの》(といっても当時のことだから、せいぜい三階建《だて》か四階建《だて》だ)があると、アゲハチョウはその建物《たてもの》に沿《そ》った上昇気流《じょうしょうきりゅう》にのったように舞《ま》いあがっていって、その建物《たてもの》の屋上をこえてまた下りてくる。また、さっきいった空地は、まん中へんで一段《だん》高くなっている。春のアゲハはこの空地を横切って飛ぶことがよくあるのだが、段《だん》になったところに上がってゆくとき、たいてい一度高く舞《ま》いあがる。いかにもそこの上昇気流《じょうしょうきりゅう》にのっているようであった。アゲハの飛びかたが風に影響《えいきょう》されていることはうたがいもない。けれど、上昇気流《じょうしょうきりゅう》や下降気流《かこうきりゅう》は地形によってほぼきまってくるとはいえ、風の方向というのは日によってちがい、しかも短い時間の中でもたえずかわっている。小さなたき火の

上昇気流《じょうしょうきりゅう》にのり、一気に舞《ま》いあがってゆくアゲハ

煙《けむり》などを見ていると、あっちへ流れたり、こっちへ流れたり、ときどきまっすぐ立ちのぼったりして、ちっとも一定しない。ところが、アゲハの飛ぶ道は、いつもきちんと、きまっている。たえずかわっているものによって、いつもかわらないものを説明《せつめい》できるだろうか？

ここまできて、ぼくは、けっきょく、わからなくなってしまった。

その間に、ぼくは友だちや本から、アゲハがきまった道を飛ぶことは昔から知られており、その道を「チョウ道《どう》」とよぶのだということを教わった。

新しい観察仲間《かんさつなかま》

そうこうしているうちに、戦争《せんそう》はだんだんエスカレートしていって、とうとう太平洋戦争《たいへいようせんそう》がはじまった。町はなんとなくガサガサした雰囲気《ふんいき》になり、ラジオから流れる軍艦《ぐんかん》マーチがやけくそ的《てき》な気分をあおった。ぼくがチョウ道《どう》の観察《かんさつ》に使っていた空地は、ある日家庭菜園《さいえん》にかわり、タケや木の枝《えだ》でこまかく仕切られたうえ、まわりにも柵《さく》ができて、中に入れなくなってしまった。

いや、しかられるのを覚悟《かくご》なら、もちろん中に入ることはできる。しかし、キュウリやインゲンの支柱《しちゅう》が子どものせいより高くそびえている中に入ってみても、チョウがどこからどこへ飛んでゆくかなど、わかりっこない。それに、木も切りたおされて平たくなったその空地には、もうアゲハチョウも、クロアゲハも、ほとんどやってこなくなってしまった。

道ばたの木も、なんに使うのか知らないが、たくさん切られた。燃料《ねんりょう》にでもされてしまったのだろう。そんなわけで、ぼくのチョウ道観察《どうかんさつ》も壊滅的《かいめつてき》な打撃《だげき》をうけた。

それでもぼくは、チョウをとったり、幼虫《ようちゅう》をさがしたりすることはやめなかった。そんな日々をすごしているうちに、ぼくは貴重《きちょう》な先生にめぐりあった。

それはたしか秋だったと思う。ぼくは近くの氷川神社《ひかわじんじゃ》の中にたくさん植わっているクスの木を下から見上げながら、アオスジアゲハの幼虫《ようちゅう》をさがしていた。アオスジアゲハは黒い地にブルーの帯《おび》のはいった翅《はね》をもつアゲハチョウの一種《いっしゅ》で、翅《はね》はすらりと細長く、とてもかっこいい。けれど飛ぶのが速いし、おまけにほとんど木の梢《こずえ》に沿《そ》って飛ぶので、たいへんつかまえにくいのである。

もともとこのチョウの仲間《なかま》は暖《あたた》かい地方に多く、日本のアオスジアゲハも幼虫《ようちゅう》は南方系《なんぽうけい》の植物であるクスの木の葉を食べる。だから、気温が低《ひく》くてクスの生えない東北地方には、残念《ざんねん》ながらこのすてきなチョウはあまりたくさんはいない。

アオスジアゲハの親は、高いクスの木の枝先《えださき》を飛びまわりながら、クスの新芽《しんめ》に卵《たまご》を産《う》みつける。大きな木の根元から生え出た小さなひこばえでもあると、その新芽《しんめ》にも産卵《さんらん》する。卵《たまご》はアゲハチョウの卵《たまご》と同じようにまんまるだが、ほとんど白く、ほんのすこし黄色

アオスジアゲハ。幼虫《ようちゅう》がクスやその仲間《なかま》の木の葉を食べるので、これらの木の生える暖《あたた》かい地方にしかいない。夏、木立の梢《こずえ》の上を飛《と》ぶとき、翅《はね》の青いすじが空の青さと白い雲に映《は》えて、いちだんと美しい。

みがかっているだけである。卵《たまご》からかえった幼虫《ようちゅう》は、小さいうちは青黒いゴムのかたまりみたいなかっこうだが、大きくなると緑色になる。

ぼくがよくさがしにいった神社のクスの木には、ひこばえがちっともなかった。それで、どうしても高いところをさがさねばならない。下から葉をすかしてみると、葉の上にいる幼虫《ようちゅう》の姿《すがた》がシルエットになって黒くみえる。そうしたら、捕虫網《ほちゅうあみ》で強くうつなりしてその葉をとればよい。

神社の境内《けいだい》は高台から下の低《ひく》いところにかけて広がっていた。その途《と》中《ちゅう》の石段《いしだん》のわきには何本もクスの木があり、石段《いしだん》の上にさしでた枝《えだ》はかなり低《ひく》くて、とりやすかった。そのようなわけで、その日も、ぼくはこの石段《いしだん》のすみのほうに立ち、幼虫《ようちゅう》はいないかと、いっしょうけんめいクスの木の葉を見上げていた。

すると、うしろから「幼虫《ようちゅう》ですか?」という声がした。そのころは幼虫《ようちゅう》の採集《さいしゅう》なんてほとんどの人が知らなかったから、たまに声をかけられても、「鳥の巣《す》ですか?」とか、「ハチの巣《す》かい?」とか、「ぼく、なにしてんの?」とかしかいわれなかった。だから、ズバリ「幼虫《ようちゅう》ですか?」とたずねられて、ぼくはほんとうにびっくりした。ふりむくと、三〇歳《さい》ぐらいの、眼鏡《めがね》をかけた背《せ》の高い人が立っていた。

この人——近くの歯医者さんの宮川澄昭《みやかわすみあき》さん——に、ぼくはたくさんのことを教わった。ちょうどぼくは歯が悪かったので歯を治《なお》してもらいながら、毎日といっていいほど宮川さんの家を訪《たず》ね、標本《ひょうほん》を見せてもらったり、採集地《さいしゅうち》や採集《さいしゅう》のしかたを教えてもらった。高尾《たかお》山《さん》のうらに、よい採集地《さいしゅうち》のあることを教わったのも宮川さんからである。

こうして、ぼくはもはや観察《かんさつ》ができなくなった渋谷《しぶや》から裏高尾《うらたかお》へ場所を移《うつ》した。毎週日曜になると、朝六時から家をでかけ、一時間半ぐらい電車に乗って、浅川《あさかわ》(今の高尾《たかお》)の駅へつく。それから三〇分ほど歩くと、目的《もくてき》の沢《さわ》の入口につく。それからは山の中をあっちへいったりこっちへいったり、教わった場所を歩きまわるのである。

「沢《さわ》のこの曲がりかどのところを、カラスアゲハのチョウ道《どう》が通っている。ここの沢《さわ》の砂地《すなじ》には、よくオナガアゲハが吸水《きゅうすい》にくる。……」などと、宮川さんは教えてくれた。ほんとうにそのとおりのことが多かった。けれど、いくら待っていても、チョウがあらわれない場所もあった。そのような場所のいくつかは、たとえば、水がでたときに沢《さわ》の流れがかわってしまっていたり、近くの林が伐採《ばっさい》されていたり、あるいは逆《ぎゃく》に、前に宮川さんがきたときよりも木がのびた結果《けっか》、暗い日かげになってしまっていたところだった。だが、ちっとも様子がかわっていないのに、チョウ道《どう》とは思えない場所もいくつかあった。

その後、ぼくは宮川さんといっしょに、そこへ採集《さいしゅう》にいった。いつもよりずっと遠くまで歩いて、とうとう沢《さわ》の頭の尾根《おね》へでた。それは五月ごろだったが、尾根《おね》の上にはアゲハの仲間《なかま》のチョウ道《どう》が通っていた。沢《さわ》から風で吹《ふ》きあげられたチョウが、そのまま尾根《おね》づたいに飛んでゆくようにも思えた。

こういう採集《さいしゅう》をしているうちにも、チョウ道《どう》がどうしてできるのかという疑問《ぎもん》は、ぼくの頭をはなれなかった。ぼくはだんだん、採集《さいしゅう》よりそういうことのほうに興味《きょうみ》がかたむいていったようである。

一九四四年になって、戦争《せんそう》はもう破局的《はきょくてき》なところまできた。ぼくらは工場に動員されて働《はたら》かされた。しかし、もう何をやってもむだであること、戦争《せんそう》が長びくほど人が死ぬだけであることは、ぼくらにもよくわかっていた。それでも、まだ高尾《たかお》にはでかけていった。軍艦《ぐんかん》も船もどんどん沈《しず》められるので、木造船《もくぞうせん》を作ろうというかけごえのもとに、木がどんどん切られて、山はたちまち荒《あ》れていった。

一九四五年、いよいよ最後《さいご》がきた。東京は何回かの空襲《くうしゅう》で焼《や》きはらわれ、ぼくの家も宮

カラスアゲハ

川さんの家もただの焼《や》け跡《あと》になってしまった。宮川さんは山梨県《やまなしけん》の大月《おおつき》へ、ぼくら一家は遠い親せきの石田《いしだ》精三《せいぞう》さん一家をたよって秋田の大館《おおだて》へ、それぞれ疎開《そかい》して、音信《おんしん》も不通《ふつう》となった。

大館ではチョウ道《どう》の観察《かんさつ》をするのによい場所がなかった。関東《かんとう》地方にはいないチョウがたくさんいたし、ファーブルの『昆虫記《こんちゅうき》』にでてくる小さなハチたちが、さかんにおもしろい生活をしていた。ぼくは大館市《おおだてし》(当時は大館町《おおだてちょう》)の片《かた》すみ、今の栗盛《くりもり》図書館のとなりの家の庭で、それらの虫の観察《かんさつ》に熱中《ねっちゅう》していた。

観察《かんさつ》への再《さい》スタート

ふたたびチョウ道《どう》のことにもどったのは、ずいぶんのちのことである。戦争《せんそう》が終わって宮川さんもぼくらも東京へもどったが、なにしろあわただしい時代だった。一〇年以上《いじょう》もたったろうか。新宿に近い新しい宮川さんの家で、もう一度チョウ道《どう》のことをやろう、と話しあった。そのときには、やはり宮川さんの古くからの知り合いで、当時、農林省《のうりんしょう》(今の農林水産省（のうりんすいさんしょう）の農業技術研究所（のうぎょうぎじゅつけんきゅうじょ）というところにつとめていた平野千里（ひらのちさと）さんもいっしょだった。

もう一度やるなら、こんどは、ほんとうにチョウ道《どう》のできるわけをつきとめよう。どうやったらよいだろうか？　ぼくらはそれを考えた。

いずれにせよ、どこかよい観察《かんさつ》場所をきめねばならない。町の中にはもう昔のような緑はないし、チョウもめっきりすくなくなった。東京都下も開発がすすんで、すこし前まではよい観察地《かんさつち》だと思っていた場所にも、半年とたたぬうちに家がびっしり建《た》っているようなことが多かった。観察《かんさつ》のたびに場所がかわっては、そのたびに地形もかわるわけだから、一般的《いっぱんてき》な結論《けつろん》はだせない。どうしても、むこう五年ぐらいは開発の手がのびない場所をさがさねばならない。

さらに、アゲハチョウのように、たくさんいるチョウもよいが、あまりやたらに数が多いと、チョウにマークをして、同じチョウが同じところを通るかどうかなどをたしかめるとき、たいへんやっかいそうに思われる。もちろん、たくさんの人手をかければできるけれど、その条件《じょうけん》もなさそうであった。そこで、チョウとしては、モンキアゲハをえらぶことにした。前にもいったとおり、モンキアゲハはぼくにとって忘《わす》れられぬ大切なチョウである。それがまた登場してきたわけである。

さて、モンキアゲハについてしらべるとなると、場所は三浦《みうら》半島か房総《ぼうそう》半島の太平洋側《がわ》ということになる。さいわいにして、まもなくよい場所がみつかった。宮川さんが歯科医《い》師会《しかい》の旅行のとき、汽車の窓《まど》からずっと外をみていて、モンキアゲハが飛んでいるのをさがし、駅から近いところをえらんで、汽車から降《お》り、歩きまわってしらべてくれたのである。

それは、房総東線《ぼうそう》(今の外房線《そとぼう》)の太東《たいとう》に近い、東浪見《とらみ》というところであった。東京でこの駅の名をいきなりいっても、駅員はまずわからなかった。「房総東線《ぼうそう》」といってもまだわからない。「トラミ」といわれて東浪見《とらみ》という字を思いつかないからだろう。とにかく、そんなに小さい、へんぴな駅であった。

一九六二年の五月二〇日、ぼくらはいよいよそこへでかけた。新宿を六時ごろでる急行に乗り、一つ手前の上総一ノ宮《かずさいちのみや》で鈍行《どんこう》に乗りかえて、東浪見《とらみ》の駅につくと、もう一〇時ごろであった。そこから宮川さんの案内《あんない》で、小さな沢沿《さわぞ》いに山の中へ入ってゆく。春の山に朝の日があたって、まばゆいくらいである。

ほんの一〇〇メートルくらいで沢《さわ》は北向きに曲がり、道は切通《きりどお》しになる。観察《かんさつ》地点はそ

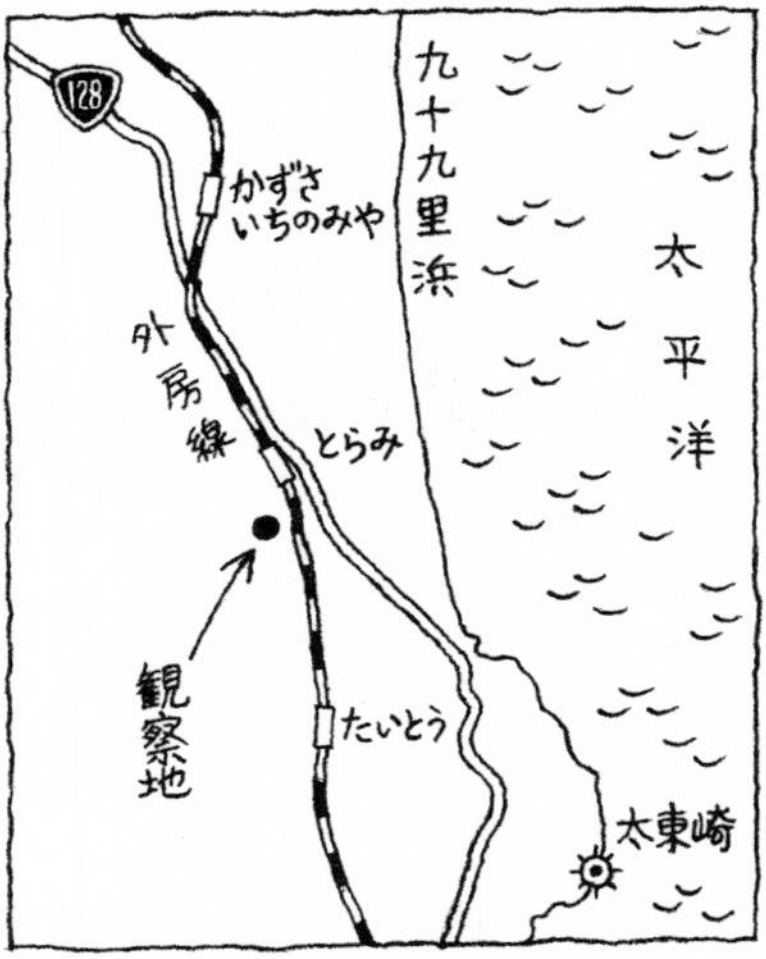

観察《かんさつ》地《ち》にえらんだ場所

こまで。わずか一〇〇メートルたらずである。

だが、ぼくらがそこについたとたん、早くも一ぴきのモンキアゲハのオスがあらわれた。そして道にほぼ沿《そ》って沢《さわ》をさかのぼり、山のほうへ消えた。と思うと、すこしちがう方角から、べつのがあらわれて、さっきのチョウの通った道を逆行《ぎゃっこう》するように沢《さわ》を下っていって、山すその田んぼとの境目《さかいめ》を北のほうへ曲がって姿《すがた》を消した。「これはいいぞ!」ぼくらはいっせいにさけんだ。

さあ、急いでマッピングだ。まわりの地形をできるだけ正確《せいかく》に地図に描《えが》く。

沢《さわ》の流れぐあい、道の曲がりぐあい、生えている木、がけ、山のせまりかたなどを書いてゆく。器用《きよう》な平野さんはたちまちのうちに地図を仕上げた。

それから三〇分交代で、チョウの飛んだルートをこの地図の上に書きこんでゆく。これは想像《そうぞう》するほどやさしいことではない。チョウはヒラヒラと飛んでゆくし、上がったり、下がったりする。平面の地図の上には上下は書けない。曲がった場所も、遠くから見ていると、あまり正確《せいかく》にはわからない。そこで、他の二人が沢《さわ》の上手《かみて》と下手《しもて》に立ち、「そのスギの木のところで曲がった。」「沢《さわ》のむこう岸までいった。」とかさけぶ。午後三時ごろまでこれをつづけた。

おもしろいことに、昼近く、腹《はら》がへってきて、べんとうを食べたくなるころになると、チョウもやってこなくなる。だから、わりと落ち着いてべんとうを食べることができた。

午後になると、チョウの数は減《へ》る。そして日が傾《かたむ》いて山のかげが道に落ちはじめるころ、またすこし多くなり、やがて、沢《さわ》がすっかり日かげに入ってしまうと、チョウはいなくなる。

日暮《ひぐ》れの道ばたに腰《こし》をおろし、こうして一日ぶんのチョウの飛んだルートを書きこんだ地図をのぞきこんでみて、三人は三人ともがっくりした。チョウ道《どう》なんてどこにもないの

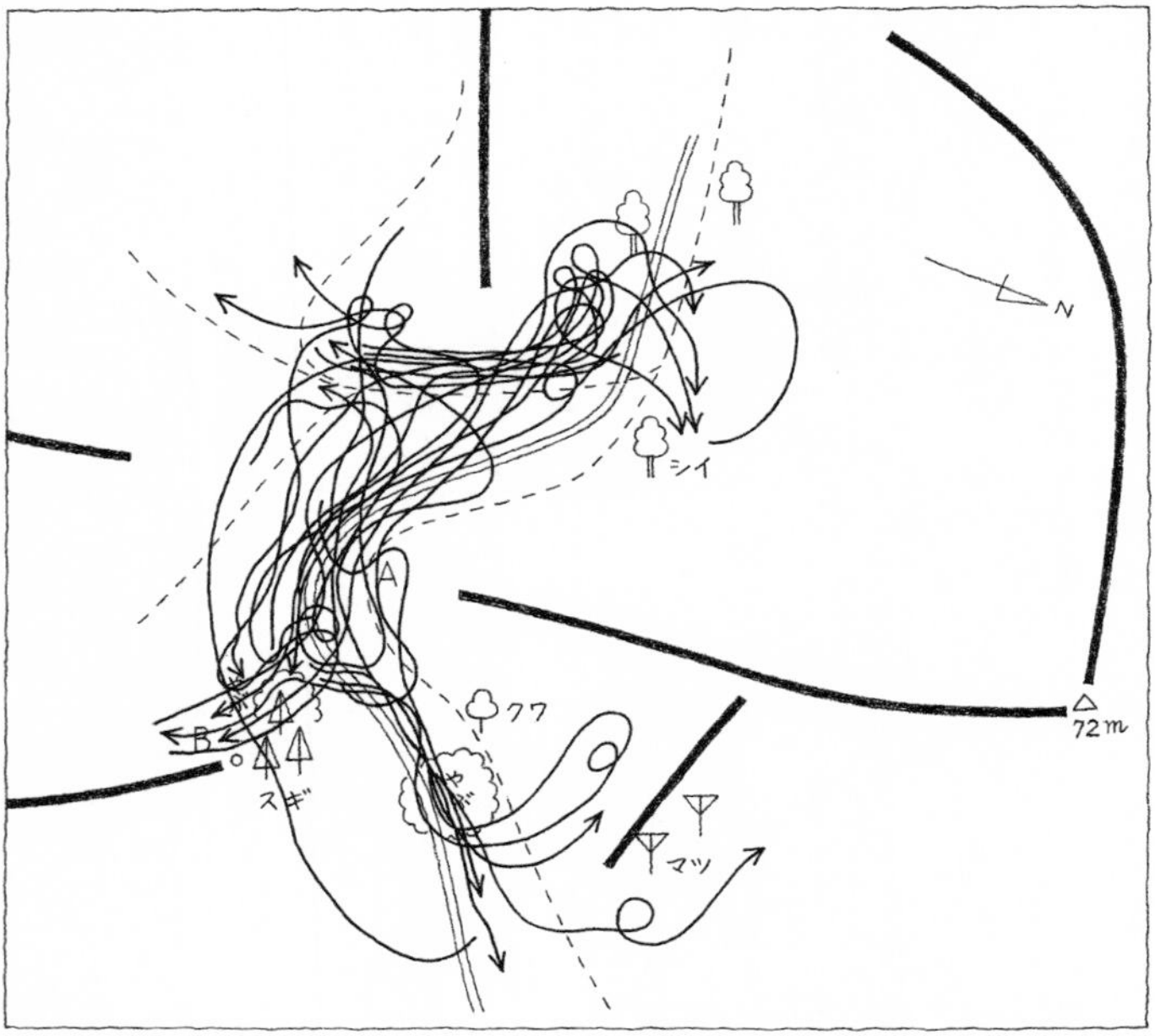

最初《さいしょ》の記録《きろく》。１枚《まい》の地図上につぎつぎにチョウの飛《と》んだルートを書きこんでいったら、チョウ道なんかなくなってしまった！

である。沢《さわ》は南西から北東の方向に流れているので、その左岸の山は北西に、右岸の山は南東に向いている。道は沢《さわ》にほぼ平行してついている。そして、チョウの飛んだルートは、右岸の山すそから道の上、沢《さわ》の上、左岸の山すそから頂上《ちょうじょう》まで、つまり、この場所のほとんど全面にわたっているのである。ただ、いずれも東西の、つまりほぼ沢《さわ》と平行の方向に沿《そ》っていて、南北に沢《さわ》を大きく横切るルートがみられないことだけが特徴《とくちょう》といえるにすぎない。

いずれにせよ、きまったチョウ道《どう》などというものがあるとは考えられなくなってきた。ぼくらは大いに落胆《らくたん》した。なぜなら、今度こそチョウ道《どう》がどうしてできるかをつきとめてやろうと意気ごんでやってきたのに、チョウ道《どう》の存在《そんざい》そのものがあやしくなってしまったからである。チョウ道《どう》というのは幻想《げんそう》だったのだろうか？

いや、そんなはずはない。昔ぼくが渋谷《しぶや》で観察《かんさつ》したときも、宮川さんや平野さんをはじめ、採集《さいしゅう》にいった人たちが観察《かんさつ》したときも、チョウはたしかに一定のルートに沿《そ》って飛んでいた。ルートは確実《かくじつ》にきまっているはずなのだ。三人はしつこく地図をながめつづけた。

そのうちに気がついた。同じ鉛筆《えんぴつ》でルートを書きこんでいっても、三人のくせはちがう。

線の太さや引きかたがちがうのだ。宮川さんのはいかにも神経質《しんけいしつ》そうだし、平野さんのは正確《せいかく》できちんとしている。ぼくのは少々荒《あら》っぽい。記録《きろく》は三〇分交代でとった。宮川さんの引いたらしい線は、きわめてせまい範囲《はんい》にかたまっている。その次に記録係《きろくがかり》になった平野さんのが何本かあるが、それはそれなりにまとまっている。次にぼくのとった線は、そのわきにほぼかたまってならんでいる。そして、午前のルートはどれも沢《さわ》の北側《きたがわ》、道沿《ぞ》いに通っているのに、午後のは沢《さわ》の南側《みなみがわ》にかたまっている。読めた！　チョウ道《どう》は時刻《じこく》と関《かん》係《けい》があるのだ！

そのときまで、ぼくらは、チョウ道《どう》は地形とだけ関係《かんけい》しているのだと思っていた。この地形ではここ、というように、しっかり固定《こてい》したものだと思っていた。だから、地図の上にチョウの飛んだルートを書きこんでいけば、沢《さわ》の上とか、道のわきというような、どこかきまった場所にチョウのルートが集中して、ここにチョウ道《どう》があるということがわかるものと思っていた。だが、まったくそうではなかったのだ。

いずれにせよ、光がひとすじ見えた。この次には時間べつに記録《きろく》をとろう。「じゃ、ぼくがこの地図をもとに書きなおして、コピーをたくさん作ってきます。」平野さんはこう約束《やくそく》した。

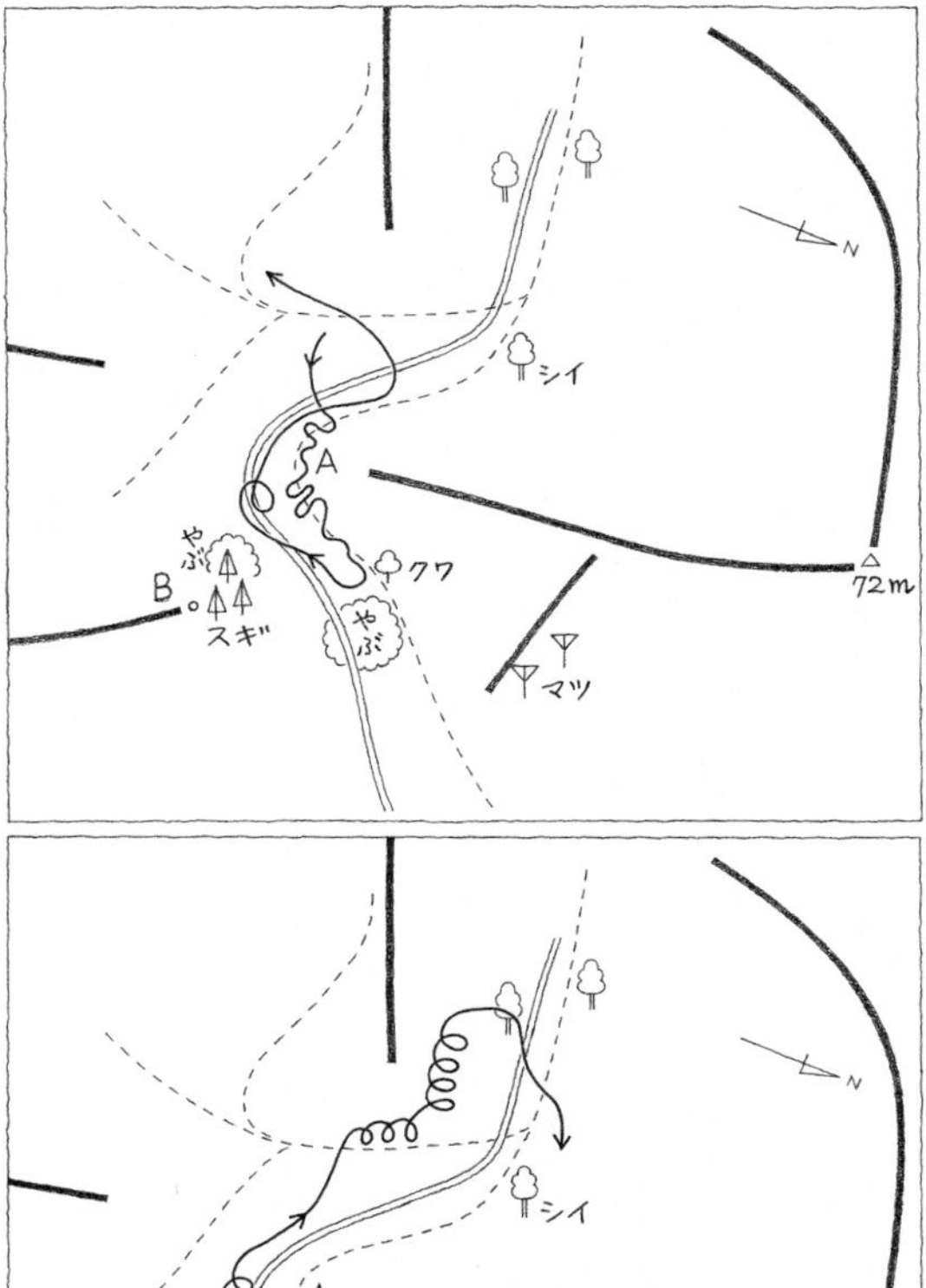

最初《さいしょ》の記録《きろく》を時間べつにたどりなおしてみたら、読めた、読めた。チョウ道は時刻《じこく》と関係《かんけい》があるのだ。上が午前の代表的《だいひょうてき》な例《れい》、下が午後の代表的《だいひょうてき》な例《れい》。A、B：スギやクワなど観察《かんさつ》のとき目印《めじるし》としてえらんだ木や場所を示《しめ》す。

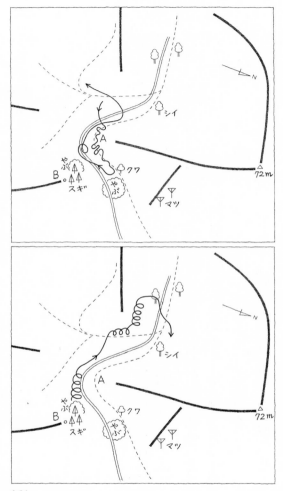

次の週の日曜日、ぼくらはまた、前よりもっと勇《いさ》んで、東浪見《とらみ》の駅に降《お》りた。ほとんど乗《の》り降《お》りする人のないこの駅の駅長さんは、先週と同じ面々がまたやってきたのに、いささか不審《ふしん》そうな顔つきだった。

もうなれた道を歩いて沢《さわ》へ入ってゆき、地図のコピーに一〇時から一〇時三〇分と時間を書きこんで、記録《きろく》をはじめた。

ところが、どうもへんなのである。チョウはこの前とはまったくちがう飛びかたをする。この前は、ほぼ東西の方向に沢《さわ》に沿《そ》って飛んでいて、しかも時間帯《じかんたい》によってほぼ一定の幅《はば》の中を飛んでいたのに、その日はまるでちがうのだ。左岸の山から南へ沢《さわ》を横切って、右《みぎ》側《がわ》の山へのぼってゆくものがいるかと思うと、沢《さわ》を下ってくる途中《とちゅう》でくるっと曲がって、左岸の山へあがっていってしまうものもいる、というぐあいだ。モンキアゲハにまじって飛んでくるクロアゲハも、この前とはちがって、まるでむちゃくちゃな飛びかたをする。ぼくらはまた考えこんでしまった。いったい、どうなっちゃったんだろう?

ぼくは空を見上げた。それで、はじめて気がついた。さっきから山の様子がなにかこの前とちがうなと思っていたのだが、じつはその日はいわゆる高曇《たかぐも》りだったのである。天気はもちろん悪くはない。だが、太陽の光は雲に散乱《さんらん》されて、山の上にも沢《さわ》の上にも一様にあたっていた。この前のときは快晴《かいせい》だった。だから、日光は強くさし、日あたりの木々の葉はまぶしいほど輝《かがや》き、日かげの木々は黒々としていて、そのコントラストははげしく美しかった。だが二回目のこの日には、木々の葉には全体にわたってねむたげな日光がさしていて、光とかげのコントラストはほとんどなかった。

これで、もうすべてがわかったように思えた。チョウ道《どう》をきめるのは「光」なのだ。チョウは、そのときどきに、明るく輝《かがや》いているところを縫《ぬ》うようにして飛ぶのにちがいない。快晴《かいせい》の日だったら、太陽の動きにつれて、光のあたる場所が移《うつ》ってゆく。だから、チョウ道《どう》も時間とともにかわってゆくのだ。この前の地図を出して見なおしながら記憶《きおく》をたどってみると、まさにこの予想と一致《いっち》することがわかった。

朝ぼくらが到着《とうちゃく》したとき、太陽の光は道の上と左岸の山すそにあたっていた。沢《さわ》の下手《しもて》からこの谷あいに日がさしていたからである。チョウの飛んだルートもこれに沿《そ》っていた。太陽が南へまわってゆくと、この場所は右岸の山のかげになるので、日があたらなくなる。そして右岸の山のすこし高いところに日がさすようになる。そうなると、チョウのルートも高いところへ移《うつ》る。もうすこし太陽が高くなると、日はまた道と沢《さわ》の上にあたるようになり、チョウ道《どう》もまたそこへもどってくる。午後になって、太陽が北西にまわると、それ

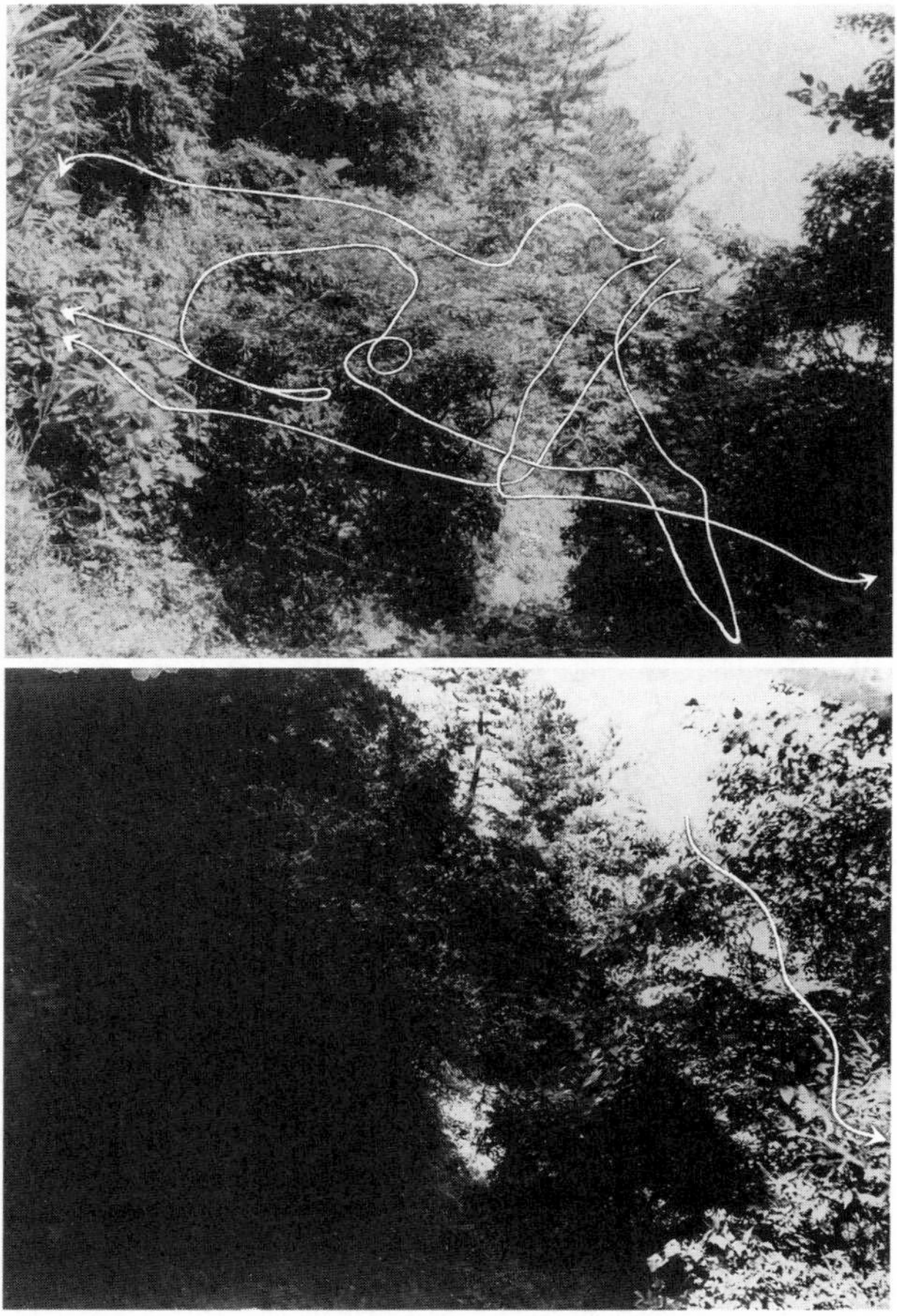

東浪見《とらみ》のチョウ道(春)。午前中、小道をおおう木々の梢《こずえ》は朝の太陽に照《て》らされて美しく輝《かがや》いている。モンキアゲハはさかんにそこを飛《と》ぶ(上)。けれど、午後になって、太陽の位置《いち》がかわると、そこはすっかり日かげになり、日は沢《さわ》の反対側《はんたいがわ》にあたるようになる。チョウ道はそちら側《がわ》へ移《うつ》る(下)。沢《さわ》の上手から下手へむかってとった写真。

までずっと日かげだった沢《さわ》の右岸に日がさすようになり、チョウ道《どう》も沢《さわ》の向こう岸へ移《うつ》ってしまう。

ああ、これでわかった。裏高尾《うらたかお》のどこにチョウ道《どう》があるということは、朝六時ごろの電車に乗って、ふつうの足で歩いて、そこへついた時間に、そこに日がさしているということなのだ。だから、もっと早く、あるいはもっとおそくに、そこを通ったら、チョウがそこを飛ぶとは限《かぎ》らないのである。

第三回目は快晴《かいせい》だった。チョウは予想したとおり、日のあたったところをえらぶようにして飛んだ。ぼくらは時間べつに記録《きろく》をとり、このことをたしかめた。うれしかった。

明るいところを飛んできたチョウが、風にあおられたり、あるいは自分の飛行《ひこう》のはずみで、暗いところに入りかけることがある。するとチョウは、びっくりしたように向きをかえ、明るいところへもどるのであった。

だが、そのうちにまたおかしなことに気がついた。チョウは日のあたった明るいところなら、どこでも飛ぶのではない。たとえば、道のま上で、木の枝《えだ》がなく、ただの空間になっているような場所はほとんど飛ばないのだ。むしろ彼《かれ》らは、その空間のへり、つまり木の枝《えだ》がさしだしている場所を、木の葉にまつわるようにして飛ぶことが多い。

このことは、ずっとあとの研究で、もっとはっきり知ることができた。けれど、この東《と》浪見《らみ》での観察《かんさつ》でも、チョウが明るく日のあたっている木の葉の近くを飛ぶことだけはわかった。

だが、どれくらい明るければよいのだろう？　ぼくらは写真に使う露出計《ろしゅつけい》を、あちこちの梢《こずえ》の先の木の葉にあてて、そこの明るさを測《はか》ってみた。空の明るさが入っては意味がない(空はやたらと明るいから)ので、梢《こずえ》の先の葉の面に直角になるように露出計《ろしゅつけい》を向け、三〇センチの距離《きょり》で測定《そくてい》した。チョウがたいてい木の葉からそれくらいの距離《きょり》だけ離《はな》れて飛ぶからである。

使った計器《けいき》がほんものの照度計《しょうどけい》でなく、露出計《ろしゅつけい》であったので、得《え》られた値《あたい》は照度《しょうど》の単位《たんい》のルックスではなく、シャッター・スピードと絞《しぼ》りをきめるときに使われるライト・バリュー(LV)であった。これで示《しめ》された明るさは、いちばん明るいところでLV一六から一四、すこしかげでLV一三から一二、日かげでLV九ぐらいだった。チョウはLV一四以《い》上《じょう》の場所をむすぶように飛んだ。

そういうことをしらべてゆくうちに、ぼくらはチョウの飛ぶルートを予言できるようになった。あらかじめあちこちのLVを測《はか》っておき、チョウがあらわれると、「次はあそこ

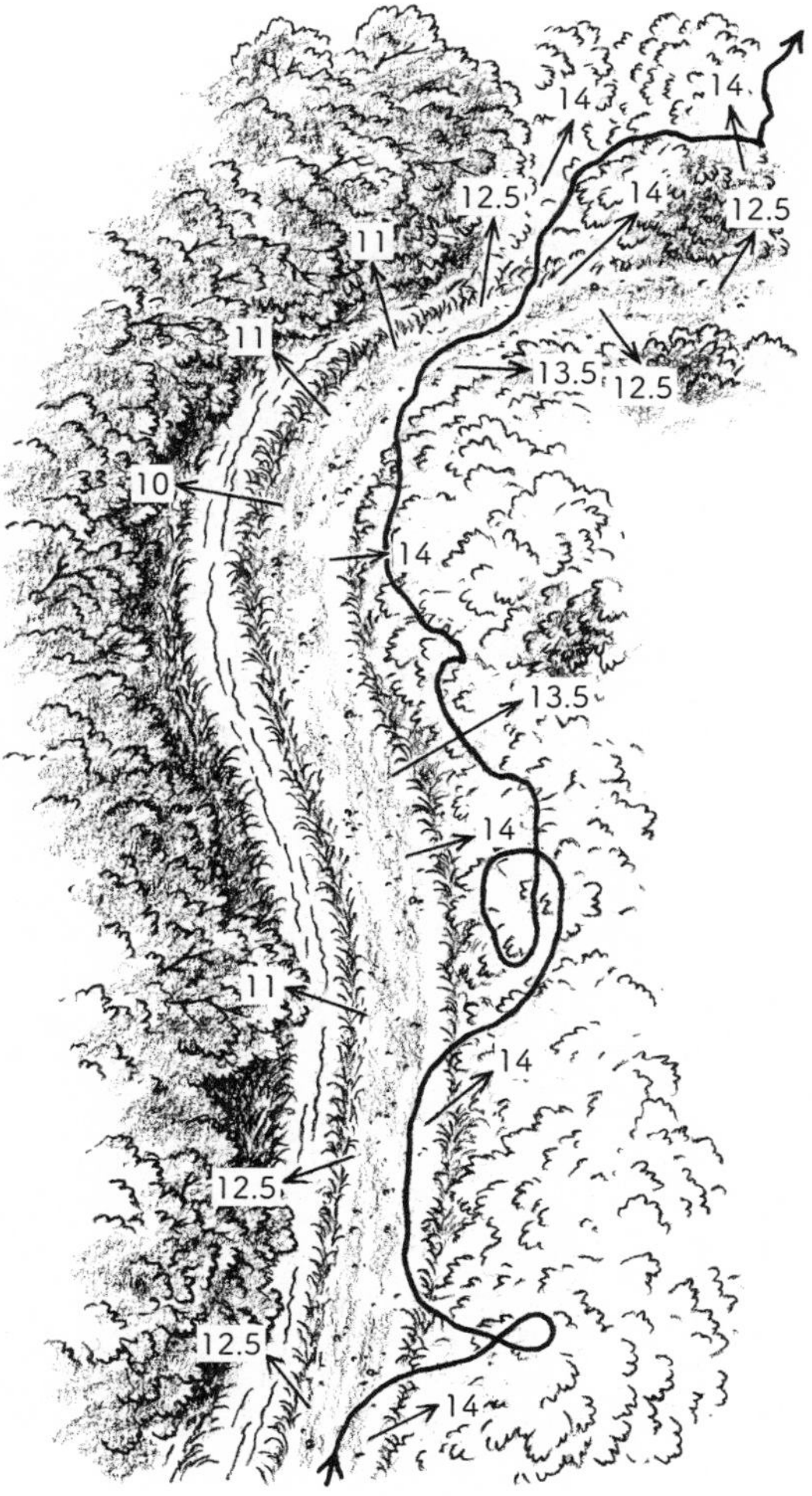

明るさとチョウのルートとの関係《かんけい》。道の両側《りょうがわ》の樹冠《じゅかん》の明るさをライト・バリュー(LV)で測定《そくてい》しておき、チョウの飛《と》んだルートを書きこんでみると、LV14 以上《いじょう》のところをたどって、チョウは飛《と》ぶことがわかった。

へいく。」「今度はそこ。」というように予言してゆくのである。チョウはほとんど予言どおりに飛んでいった。

ぼくらは大喜《おおよろこ》びであった。これほど正確《せいかく》に予言できるということは、チョウ道《どう》のしくみが完全《かんぜん》にわかったということである。小学校のころから二〇年以上《いじょう》にもわたって頭にひっかかっていた問題は、これで解決《かいけつ》したのだ！

夏のチョウ道《どう》は春とちがっていた

ところが、ことはそれほどかんたんではなかった。

春のシーズンがこうして終わったので、次に夏のモンキアゲハがでるまで、ぼくらはおのおののしごとにもどった。そして七月なかばごろ、夏のシーズンを迎《むか》えて、ぼくらはまた東浪見《とらみ》へでかけた。春の観察《かんさつ》をもう一度たしかめ、さらにそれをちゃんと証明《しょうめい》する実験《じっけん》の計画をたてようと思ったのである。

もうすっかりおなじみになった沢《さわ》へついてみると、様子はずいぶんかわっていた。春のなにか美しい新芽《しんめ》のころとはちがって、木々の葉はしげり、草もぼうぼうとのびていて、なにか荒《あ》れはてた感じがする。それとともに、生きものたちのものすごいエネルギーのようなものが、ひしひしと迫《せま》ってくる。

チョウの様子はもっとかわっていた。モンキアゲハはあいかわらず次々と姿《すがた》をみせたが、春のときから予想されるルートに沿《そ》って飛ぶものは、一ぴきもいないのである。その日は快晴《かいせい》だったので、これは春の第二回目のときとは事情《じじょう》がちがう。

彼《かれ》らがどう飛んだかというと、次のようなぐあいなのだ。明るく光った葉のあたりを飛んだかと思うと、さっと日かげに入る。そして、しばらく日かげを飛んだのち、ほんのちょっと明るいところへでる。これをくりかえすのである。

そのうち春のように飛びはじめるだろう。みんな心の中でそう思った。だが、それは逆《ぎゃく》だった。昼に近づくにつれて、モンキアゲハはますます日かげを飛ぶことが多くなり、明るいところへはでてこなくなった。

そのうちに、夏の昼の日光が照《て》りつけてきて、気温はついに三〇度をこした。モンキアゲハは沢《さわ》の暗いがけにとまったきり、飛びたたなくなった。観察《かんさつ》は中止。ぼくらも日かげに入ってべんとうを食べた。もちろん、食べながらあたりに気をくばっていたことはいう

東浪見《とらみ》のチョウ道(夏)。夏になると、モンキアゲハは日なたをすこし飛《と》んでいるかと思うと、すぐ涼《すず》しい日かげに入ってしまう。春には見向きもしなかった沢《さわ》の暗がりを、ゆっくりと飛《と》ぶ(上)。けれど、そういうときにも、アゲハチョウは日のカンカン照《て》る木の梢《こずえ》の上をいきおいよく飛《と》んでゆく(下)。

までもない。それでも、飛んでくるモンキアゲハの姿《すがた》は見当たらなかった。べんとうを食べ終わっても、いっこうにモンキアゲハはあらわれない。目に入るのは、木の上を飛びこえてゆく、ふつうのアゲハチョウだけである。

いったいモンキアゲハはどこへいってしまったのだろう？ ぼくらは立ち上がって、涼《すず》しい切通《きりどお》しのほうへ歩いていった。切通《きりどお》しの先はかなりこんもりした林の中へ通じていて、ひんやりとする。「ああ涼《すず》しい。」と思って、ふと上を見上げたら、いた。モンキアゲハが一ぴき、二メートルぐらいの高さをゆっくり飛んでいる。そしてその数メートルわきにもう一ぴき。さらにまたすこし離《はな》れてもう一ぴき！ 彼《かれ》らはこんなところにいたのだった。

午後おそくなって日がかたむき、気温も下がって三〇度以下《いか》になったころ、チョウはまた道や沢《さわ》のほうへでてきた。そして、春のときとかなりよく似《に》た飛びかたをした。つまり、日のあたっている木の葉に沿《そ》ってゆっくり飛ぶのである。

これでまた、いろいろなことがわかってきた。チョウ道《どう》は、光や木の葉とだけ関係《かんけい》があるのではない。温度とも関係《かんけい》があるのだ。春のように気温がそれほど高くないときには、チョウは日にあたりながら飛ぶ。だからチョウ道《どう》は、日のあたっている場所をむすぶ線になる。ところが、夏になって気温がやたらに高くなると、チョウは日かげの涼《すず》しいところ

暑い夏のまっ昼間、モンキアゲハはすっかり姿《すがた》を消してしまった。だが、ひんやりした切通《きりどお》しへ入ってみたら、そこに彼《かれ》らがいた！

に入ってしまう。日なたを飛んだら、気温だけでも温度が高いのに、そのうえ太陽の直射《ちょくしゃ》をあびたら、体があつくなりすぎるのだろう。だから、そのようなときのチョウ道《どう》は、日かげを縫《ぬ》ってゆく形になる。

チョウ道《どう》というものが、いついかなるときにもかわらない、きちんときまった「道路」でないことは、もうぼくらにはよくわかった。それは季節《きせつ》によって、天候《てんこう》によって、一日のうちの時間によって、そして気温によって、さまざまにかわるのである。

チョウ道《どう》はチョウの種類によってもちがう。ぼくらが観察《かんさつ》したのは、モンキアゲハについてであった。モンキアゲハは黒いチョウである。黒い物体は熱《ねつ》を吸収《きゅうしゅう》しやすい。きっと、そのためだろう、モンキアゲハは夏になると日かげに入ってしまう。同じく黒いチョウであるクロアゲハも、その点ではモンキアゲハとよく似《に》ている。

ところが、ふつうのアゲハチョウとかキアゲハのように、黒くないものになると、同じアゲハチョウの仲間《なかま》でも、だいぶちがってくる。これらのチョウは、夏でも平気で日のあたるところを飛ぶ。きっと、体が太陽の直射熱《ちょくしゃねつ》をあまり吸収《きゅうしゅう》しないようにできているのだろう。

子どものころ、渋谷《しぶや》に迷《まよ》いこんできたモンキアゲハがアゲハチョウのではなくクロアゲハのチョウ道《どう》に沿《そ》って飛んでいたわけが、今やっとここでわかった。

千葉の山の中まで何回も遠征《えんせい》していったかいはあった。それまで想像《そうぞう》していたこと、つまり、チョウ道《どう》というのは風や地形できまるのでなく、何かもっと他のものできまるものので、チョウはそこしか飛べないのだ、ということが、ずっとよくわかってきた。

チョウが花や幼虫《ようちゅう》の食草《しょくそう》のある場所をおぼえていて、そこをグルグルまわって飛ぶのだという人がいる。だから、同じ場所に待っていると、同じチョウがまたそこへもどってくるのだ、とその人はいうだろう。

けれど、どうもそうではないらしい。千葉でずっと観察《かんさつ》した結果《けっか》、チョウはそのときそのときの光や温度できまってくるチョウ道《どう》を飛びながら、そのチョウ道《どう》の上にある花でミツを吸《す》っている。時がたってチョウ道《どう》が移《うつ》ってゆけば、訪《おとず》れる花もまた移《うつ》ってゆく。こうしてチョウは、そこらに咲《さ》いている花のほとんどすべてからミツを吸《す》うことになるが、花を訪《おとず》れるのはチョウ道《どう》がその花のところを通っているときだけなのだ。

幼虫《ようちゅう》の食草《しょくそう》へ卵《たまご》を産《う》むときも、ほぼ同じことである。山の中でアゲハチョウの仲間《なかま》が卵《たまご》を産《う》む植物の一つは、カラスザンショウというサンショウの仲間《なかま》の大木である。この木は山の斜面《しゃめん》にポツンポツンと生えている。そのどれか一本がチョウ道《どう》の中に入ったとき、チョウはそこへ卵《たまご》を産《う》む。日ざしが移《うつ》って、チョウ道《どう》がその木からはずれると、またべつの木に産卵《さんらん》するようになる。チョウ道《どう》からまるではずれたところに生えている木には、ほとんど近寄《ちかよ》りもしないし、したがって産卵《さんらん》もしない。

チョウはこんなことをしながら、そのときそのときに飛べるところ、つまりチョウ道《どう》を飛んでいるだけなのだ。そのうちに、またもとへもどってくるものもあるだろうし、となりの場所へいってしまうものもあるだろう。それは、ぼくらが道に迷《まよ》ったときといくらか似《に》ているかもしれない。道をあちこち歩いているうちに、もとのところへもどってしまうこともあり、だんだんどこかへ迷《まよ》いこんでいってしまうこともあろう。たいてい、ぼくらは、どこかへいこうという目的《もくてき》をもって歩いているから、そういうときはあせったり、とほうにくれたりする。チョウは、そんな目的《もくてき》はもっていない。どこにでも花はあるのだから、どこを飛んでいてもかまわないわけだ。

けれど、チョウだって、やはり不安《ふあん》を感じるときがあるらしい。そのことは、その後モンキアゲハでなく、ふつうのアゲハチョウ（ナミアゲハ）を観察《かんさつ》してみて、よくわかった。

大学の農場で

チョウ道《どう》についてもっとくわしく知るために、ぼくらは一九七一年、アゲハチョウの飛びかたをしらべてみることにした。当時、日本女子大学生物学コース四年生で、ぼくの研究室（当時ぼくは東京農工大学の先生になっていた）で卒業論文《そつぎょうろんぶん》を書くことになった白水貴《しろうずき》美子《みこ》さんが、おもにこの問題を受けもった。

まず、観察《かんさつ》の場所をいくつかえらんだ。かつての東浪見《とらみ》の観察地《かんさつち》は遠かったし、山の状態《じょうたい》もすっかりかわってしまって、もはや適当《てきとう》な場所ではなくなっていた。今度えらんだおもなところは、東京、府中《ふちゅう》の東京農工大学の農場と、アゲハチョウがたくさんいて観察《かんさつ》に便利《べんり》そうな千葉、習志野《ならしの》の東邦《とうほう》大学の構内《こうない》であった。

そのようなところで、アゲハチョウがどういう場所をどのような飛びかたで飛んでゆくかを、くわしく観察《かんさつ》したのである。

まず、農工大の農場の一隅《いちぐう》には、かなり広い果樹園《かじゅえん》があって、そのまわりを高さ一・五メートルくらいのカラタチの生垣《いけがき》が囲《かこ》んでいる。その北側《きたがわ》には幅《はば》三メートルほどの農道をへだてて、高いサワラが一列にならんでいる。南側《みなみがわ》にも同じくらいの幅《はば》の農道があり、その南側《みなみがわ》にチャが植わっている。西側《にしがわ》は農道をへだてて広い畑につらなっている。

こういうところで、アゲハチョウがどのように飛ぶかを見た。時間は夏の正午近くをえらんだので、日光はほとんど真上からさしている。日かげも日なたもない。

モンキアゲハの場合だったら、夏で、昼間で、晴れた日なのだから、当然《とうぜん》、日かげに入ってしまうはずである。アゲハチョウはどう飛ぶだろうか?

しらべてみて、なるほど、なんでもためしてみるものだと思った。アゲハチョウはカラ

野外実験《やがいじっけん》の大部分は、東京都下の府中市《ふちゅうし》にある東京農工大学の農場でおこなった。上の写真の遠くに見える広い果樹園《かじゅえん》はカラタチの生垣《いけがき》で囲《かこ》まれており、シーズンになると、メスをさがすアゲハチョウのオスや、卵《たまご》を産《う》みにくるメスが何びきも飛《と》びかっていた。農場 東側《ひがしがわ》（上）、南側《みなみがわ》（下）。

タチに沿《そ》ってずっと飛んでくる。農道を渡《わた》るときはほとんど直角に横切って、反対側《はんたいがわ》のサワラの木立に飛び移《うつ》ってしまう。そして、しばらくサワラについて飛んだのち、また農道を直角に横切って、もとのカラタチにもどる。

果樹園《かじゅえん》の西には農道に沿《そ》ってチャが一列に植えられていたが、そこではアゲハチョウはやはり農道を直角に横切りながらチャとサワラに沿《そ》って飛んだ。

果樹園《かじゅえん》の南側《みなみがわ》でも、同じようなことがみられた。つまり、カラタチに沿《そ》って飛んでいたアゲハは、突然《とつぜん》そこから飛びだすと、農道をほぼ直角に横切って、チャの植えこみに飛びついてしまう。そしてチャに沿《そ》ってしばらく飛んだのち、また農道を直角に横切ってカラタチへもどるのである。

農道のまん中をずっと飛んでくるようなアゲハチョウは、一ぴきもいなかった。みな、どちらかの側《がわ》に沿《そ》って、つまりカラタチの生垣《いけがき》に沿《そ》うか、チャの植えこみに沿《そ》うかして飛ぶのであった。

アゲハチョウがこういう植物にたいへん魅《ひ》かれているということは、次のような実験《じっけん》からも、よくわかった。

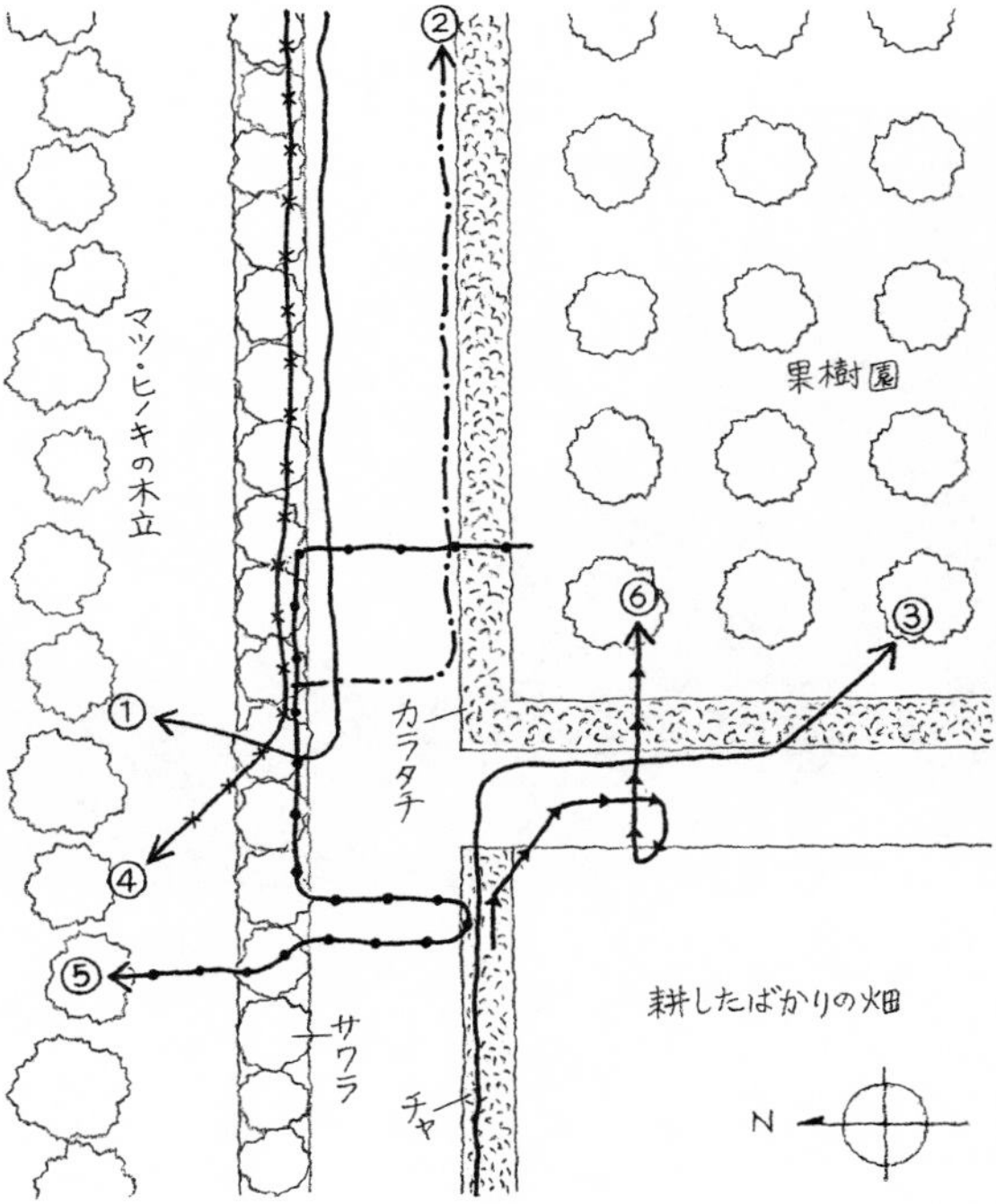

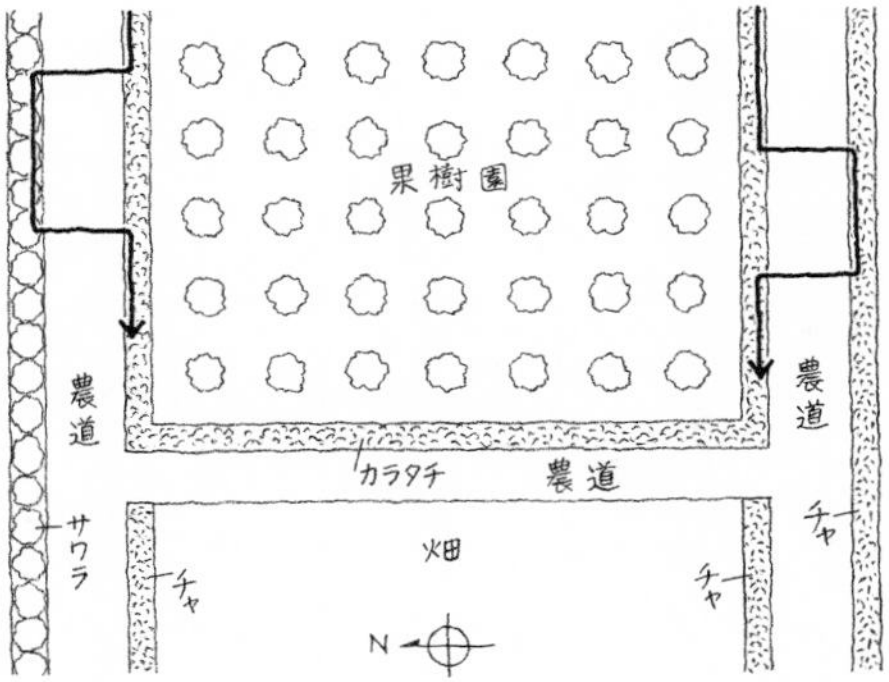

農場でアゲハチョウの飛《と》ぶルートを観察《かんさつ》してみた。どのチョウも、カラタチの生垣《いけがき》か、サワラの植えこみに沿《そ》って飛《と》び、ときどき道を直角に横切る。道のまん中を飛《と》ぶようなものはいなかった。道の幅《はば》は３ｍぐらいだった。

果樹園《かじゅえん》のまわりのカラタチ(右側《みぎがわ》)と高いサワラの並木《なみき》(左側《ひだりがわ》)

それは、飼育《しいく》して得《え》たサナギからかえったアゲハチョウのオスを、畑の中で放してみた実験《じっけん》である。

放すといっても、チョウを手でつまんで放したのではだめである。チョウは、つまれたことでびっくりして、放されるやいなや急いで空高く舞《ま》いあがってしまい、その後どこを飛ぶかしらべても意味がなくなる。

プラスチックの箱に入れ、その金網《かなあみ》のふたをとって、自然《しぜん》に飛びたつのを待ったこともある。しかし、チョウは人間が立っているとそれを警戒《けいかい》するので、これまたうまい方法《ほうほう》ではない。

そこで、直径《ちょっけい》一五センチ、深さ一〇セ

ンチぐらいのプラスチックの容器《ようき》にチョウを入れ、その金網《かなあみ》のふたに、ボール紙で取っ手をつけ、長さ三メートルぐらいの棒《ぼう》で遠くからふたをあけてみた。けれど、チョウはふたのうら側《がわ》にくっついたまま、なかなか飛びだそうとしなかった。

そのわけはすぐわかった。ふたは金網《かなあみ》なので、明るい空がすけてみえる。チョウはガラス窓《まど》でバタバタしているときと同じように、そのまま真上の空へむかって飛ぼうとし、すこしわきへ歩いていって、ふたのへりから飛びだそうなどとは思いつかないのだ。

そこで、金網《かなあみ》のふたに黒い紙を貼《は》ってみた。これでうまくいった。チョウは上が暗いので、すぐわきへ歩いてゆき、ふたのへりでちょっと立ち止まって、飛びだしてゆく。

こうして、アゲハを放した場所は、果樹園《かじゅえん》の西の畑の中であった(五九ページの図参照《さんしょう》)。当時、畑には何も植わっておらず、トラクターで耕《たがや》したままになっていた。東側《ひがしがわ》一〇メートルのところに、果樹園《かじゅえん》のカラタチの生垣《いけがき》がならんでおり、北側《きたがわ》一〇メートルのところには、低《ひく》いチャが東西に植わっている。そしてさらにその三メートル先には、高さ四メートルぐらいのサワラの木がならんでおり、その奥《おく》にもっと高いマツやヒノキのような木が生えている。南側《みなみがわ》のほうはずっと畑で、二〇メートルぐらい先のところからレタス、そのもっと遠くに小さいトマトが植えられていた。そのむこうにはチャが植わっていたが、高い木は一〇〇メートルぐらい離《はな》れたところまで一本もなかった。西側《にしがわ》のほうもずっと畑で、丈《たけ》の低《ひく》い野菜《やさい》が栽培《さいばい》されており、そのむこうに一〇〇メートルぐらい離《はな》れた校舎《こうしゃ》のところまで、木は生えていない。

さて、こういうところでチョウを放したら、どこへ飛んでゆくだろうか？　放すチョウは、飼育容器《しいくようき》の中で羽化《うか》したもので、まだ外の世界を一度も見たことのないものだ。

さっきいったような方法《ほうほう》で、ふたを長い棒《ぼう》でもちあげ、一ぴきずつチョウを放す。そして、どこへ飛んでゆくかを記録《きろく》した。まず、一ぴき目は、三メートルぐらいの高さに舞《ま》いあがり、それから東のほうへカラタチの生垣《いけがき》のところまで、まっすぐ飛んでいって、あとはカラタチに沿《そ》って飛びながら、果樹園《かじゅえん》の中へ消えてしまった。

二ひき目は、もっと高く舞《ま》いあがって、今度は北側《きたがわ》のサワラの木立めがけて飛んでいった。

何日かにわたって、数十ぴきのチョウ（いずれもオス）を放してみたが、ほとんどのチョウが、今のどちらかの方向へ飛んでいった。遠くにしか木のない南や西へ飛んでいったものは、一ぴきもなかった。

風向きはそのときどきでちがっていた。だから、チョウは風に乗って飛ぶこともあり、

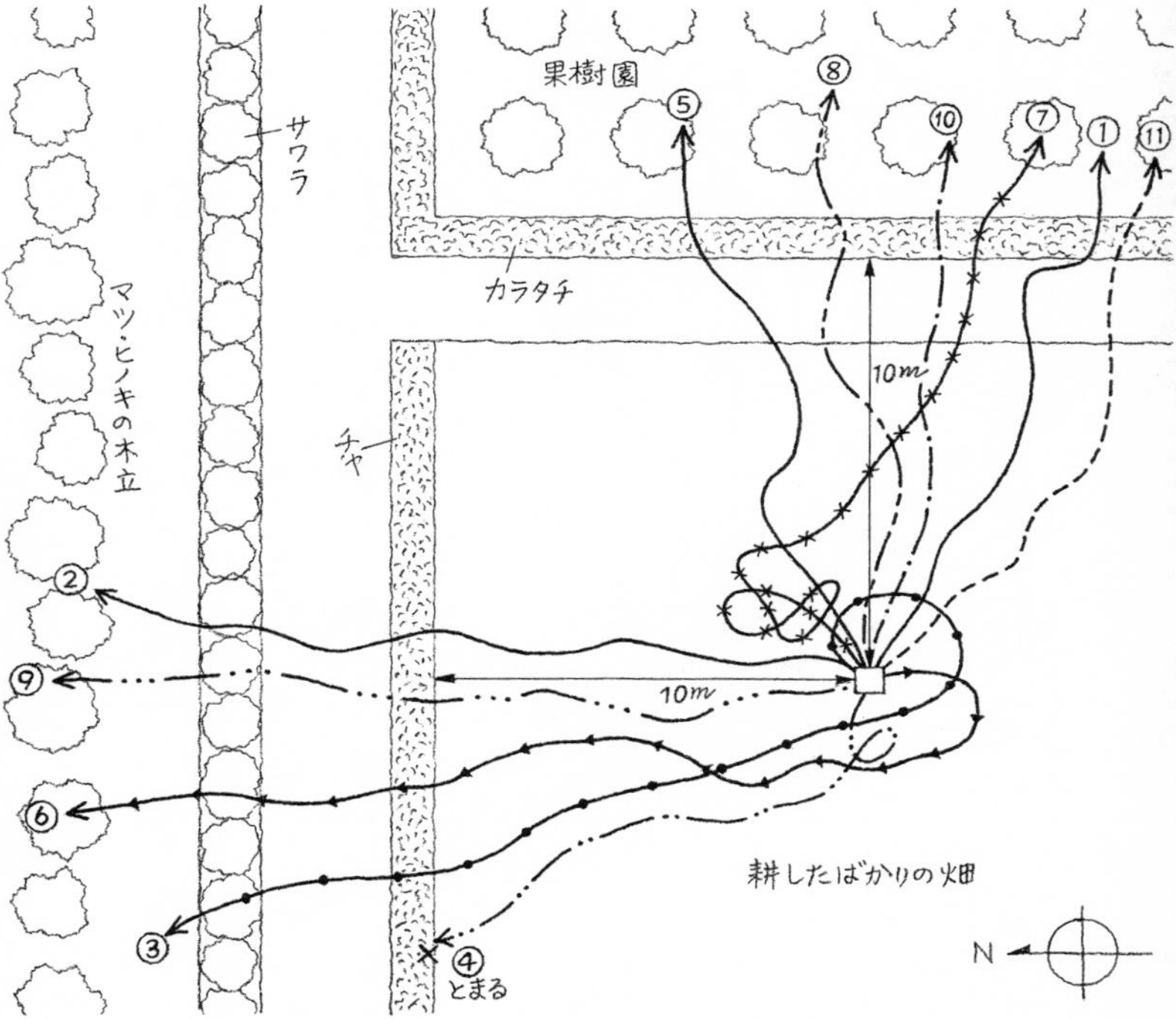

畑の上で、アゲハチョウを放してみた。彼《かれ》らは東側《ひがしがわ》10ｍぐらいのところにならんでいるカラタチの生垣《いけがき》か、北側《きたがわ》13ｍぐらいのところに生えているサワラの植えこみかのどちらかへ向かって飛《と》んでいった。畑のほうへ飛《と》んでゆくものは１ぴきもいなかった。

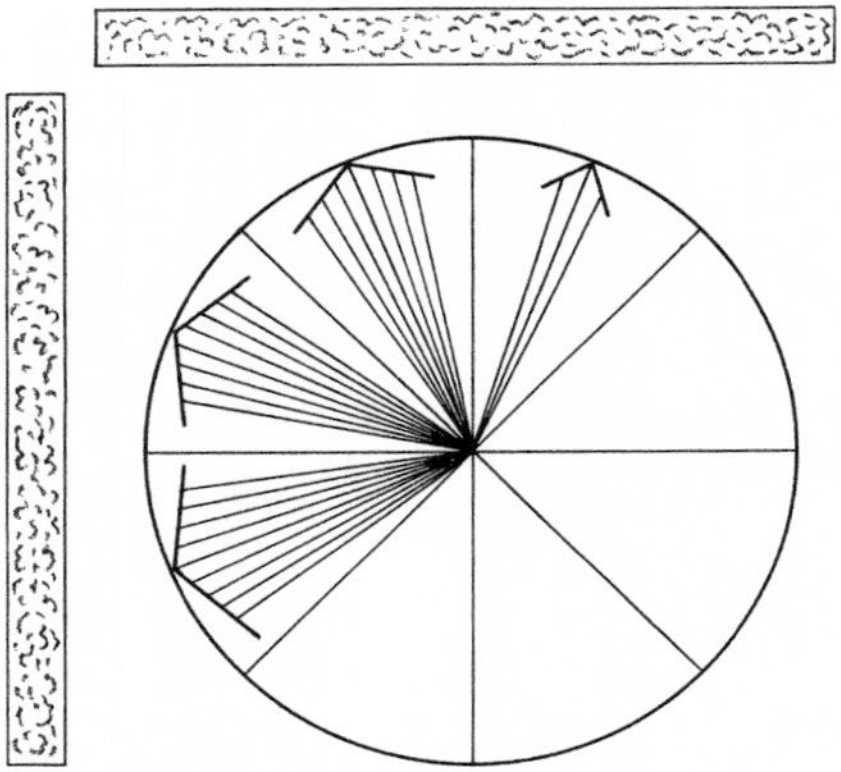

結果《けっか》の統計《とうけい》をグラフにしてみたもの。矢印《やじるし》の線の数がチョウの数。日と時間をちがえて実験《じっけん》したので、太陽の方角はまちまちであり、風向きもいろいろである。けれど、どのチョウもみな近くに生えている樹木《じゅもく》（▨）のほうへ飛《と》んでいったことがよくわかる。

さからって飛んだこともあったわけである。時間もいろいろ変《か》えたので、太陽が東にあったときもあり、真上にあったこともあり、西にかたむいていたときもある。

　したがって、風向きや太陽の位置《いち》とは関係《かんけい》なく、チョウはいつもカラタチかサワラ、つまり樹木に向かって飛んでいったことになる。

　このことは、これまでの観察《かんさつ》からほぼ予想がついていたが、アゲハチョウがこれほど強く、樹木にひかれているとは思わなかった。しかもアゲハチョウは、樹木がだいたいどの方向にあるか、一〇メートルも離《はな》れたところからわかるのだ。

けれど、樹木の形までがチョウに見えるとは思えない。チョウはただ緑色をしているところへ向かって飛んでゆくのだろう。だが、木も草も同じ緑色だ。チョウはその「区別《くべつ》」をつけているだろうか?

白水《しろうず》さんはつづいてもっと根気のいる観察《かんさつ》にのりだした。じっさいにアゲハチョウが飛んでいるところを見ながら、その飛ぶ場所と飛びかたを一つ一つ記録《きろく》してゆくのである。観察《かんさつ》の場所は、習志野《ならしの》の東邦《とうほう》大学の構内《こうない》と、彼女《かのじょ》が夏休みに一週間ほど帰省《きせい》した福岡《ふくおか》市の西公園であった。

まず、観察《かんさつ》場所の様子をノートにとる。木がどこに生えているか、草がどこまで生えているか、人が通ったりして草の生えていない、地面がむきだしになった裸地《らち》はどこにあるか、そして、そのおのおのに日があたっているかどうか。

そして、アゲハチョウが飛んできたら、その飛んだルートを記録《きろく》してゆくのである。たとえば、――

日のあたった裸地《らち》の上を、一ぴきのアゲハチョウがせわしなく飛んでくる。裸地《らち》の一隅《いちぐう》に草の生えたところがあると、チョウは方向をかえて草地の上へ移《うつ》り、飛びかたもゆっくりになる。草地のわきに木が生えていると、草地がまだつづいていても、チョウはすっと舞《ま》いあがって、木のほうへ移《うつ》り、木に沿《そ》って飛ぶ。たまたまこの木が日かげになっていて、近くに日のよくあたった木があると、チョウはさっとそちらへ移《うつ》ってしまい、何本かならんだ日なたの木のはずれまで飛んでゆく。木がおわってしまうと、チョウはまた草地へ下りるが、また近くに木があれば、すぐそちらへ移《うつ》る。

大きな木や小さな木、それに草がいりくんで生えているところでは、日のあたりかたも複雑《ふくざつ》になる。手前の木のてっぺんはずっと日があたっているが、下のほうは日かげである。奥《おく》のこんもりした木も下のほうは日かげだが、手前の木とはすこし離《はな》れているので、その間の草には日があたっている。そしてその左側《ひだりがわ》はまた大きな木が重なりあって生えているので、うすぐらく、ただ、手前の木のしげみの切れるところの草だけに日があたって、光のトンネルのようになっている。

このような場合、チョウは手前の木のてっぺんの輝《かがや》いた葉の上を飛び、左のはしまでゆくと、木を離《はな》れて草地に下り、光のトンネルをくぐってこちら側《がわ》へでてくる。そして、その先の、日のあたっている木について飛びながら、どこかへいってしまう。

このコースを逆《ぎゃく》にたどってくる場合もある。そのときチョウは、光のトンネルをくぐり、手前の木のてっぺんへでて、右側《みぎがわ》のほうへ飛びさってゆく。日のあたりかたがかわらないかぎり、この「チョウ道《どう》」もかわらない。

すこし時間がたって日がかたむくと、ここの場所はすっかり日かげになってしまう。すると、アゲハチョウは、もうここには姿《すがた》を見せなくなり、他のところを飛ぶようになる。だがそのときにも、裸地《らち》よりも草地、草地よりも木、そしていずれの場合も、日かげより日なた、という「好《この》み」の順序《じゅんじょ》はかわらないようである。

こうしてとった記録《きろく》を、次のようなぐあいに整理して図式化してみると、今のことがたいへんはっきりわかる。

まず、記録《きろく》した図をもとにして、木と草地と裸地《らち》べつに、それぞれのだいたいの長さに比例《ひれい》して、横にひいた棒《ぼう》であらわしてゆく。たとえば、六五ページの図の例《れい》のように、草地のへりに木が二、三本生えているときは、「草地」の棒《ぼう》とならんで短い「木」の棒《ぼう》をひくわけである。草地の手前に裸地《らち》があったら、その分の棒《ぼう》もならべてひく。草地がおわって裸地《らち》につづいているときは、草地の棒《ぼう》のはしの線にそろえて裸地《らち》の棒《ぼう》をはじめるのだ。

そして、図の上半分は日なた、下半分は日かげとして、このような棒《ぼう》をひいてゆくと、ごちゃごちゃした立体的《りったいてき》な地形を、平面に整理してあらわすことができる。

それができたら、チョウの飛んだルートをこの図の上に線で書きこんでゆけばよい。

こうして作った図を一つあげてみよう。アゲハチョウが飛ぶときに、どんな「好《この》み」をもっているかが、一目でわかる。彼《かれ》らは日かげの裸地《らち》を飛ぶことはほとんどない。日があたっている裸地《らち》の上なら飛ぶことがあるが、それはきっと「やむをえないとき」、たとえば強い風にあおられて裸地《らち》の上へ飛びだしてしまったときとか、突然《とつぜん》、木がなくなって裸《ら》地《ち》になってしまったときとか、なのであろう。とにかく、裸地《らち》の上では、アゲハチョウはかなり落ち着かないらしく、いわばソワソワして飛んでいる。これはほかの多くのチョウでも同じである。モンシロチョウなどでも、何も生えていない場所は、たいへん速く飛ぶ。近くに草地がみえると、アゲハチョウはすぐそちらへ移《うつ》る。飛びかたもゆっくりになることが多い。モンシロチョウならこれですっかり落ち着くのだが、アゲハチョウは草地の上ではまだ完全《かんぜん》に落ち着いているようにはみえない。ただし、そこに花でもあればべつである。彼《かれ》らはその花にとまって、ミツを吸《す》う(もちろん、腹《はら》がすいていればの話である)。

アゲハチョウがいちばん落ち着くのは、やはり日のあたった木の近くを飛んでいるとき

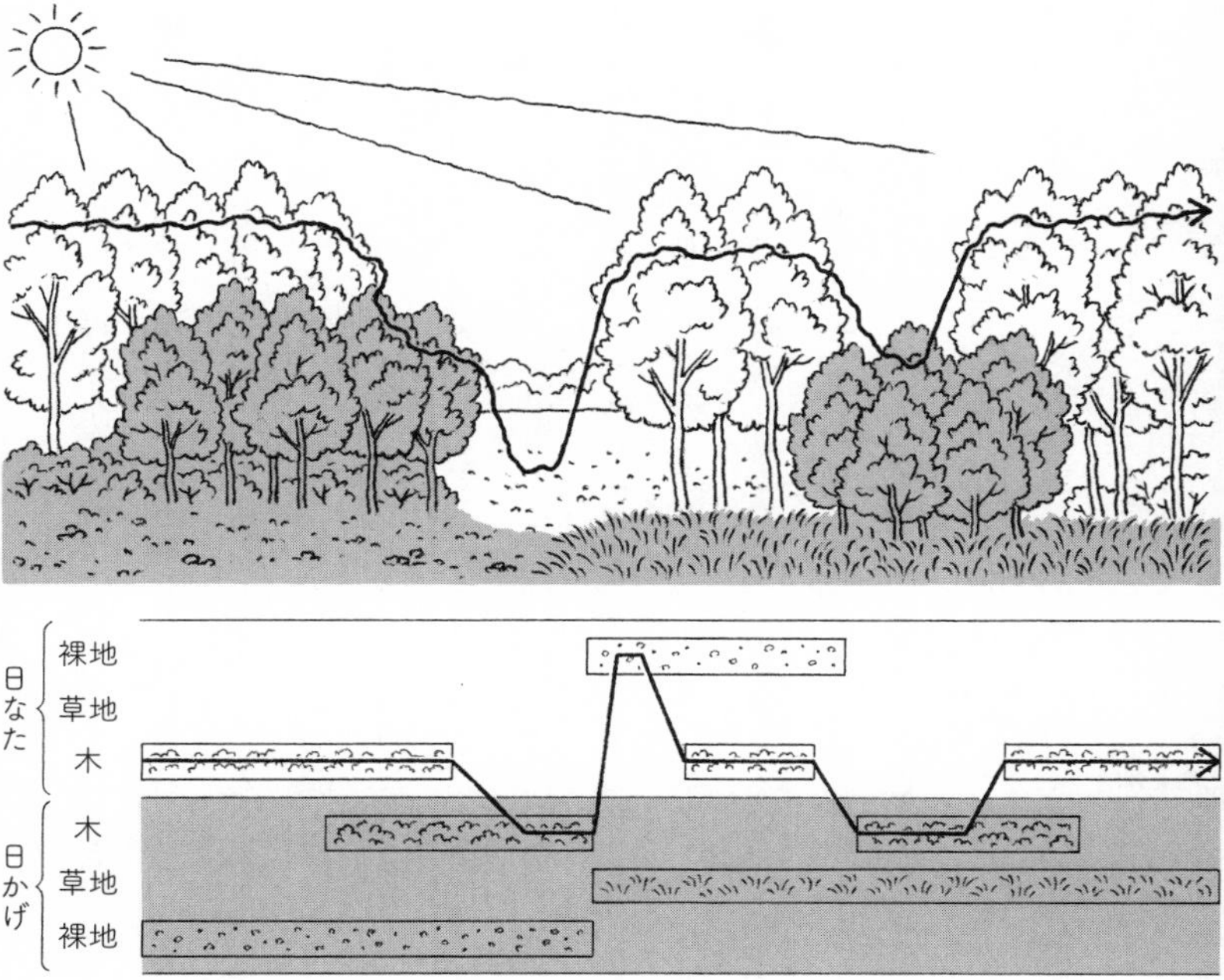

チョウの飛《と》んだルートの記録《きろく》(上)と、それを図式的《ずしきてき》に示《しめ》したもの(下)。日のあたっている裸地《らち》(草も何も生えていない場所、道とかグラウンドのトラックとか)、日のあたっている草地、日のあたっている木、日かげの木、日かげの草地、日かげの裸地《らち》の６つにわけて、アゲハチョウがどう飛《と》んでゆくかを書きこんでゆく。アゲハは、日のあたっている木をたどってそのはずれまで飛《と》んでゆき、それからやむなく草地や裸地《らち》の上を飛《と》ぶ。けれど近くに木、とくに日のあたっている木があれば、すぐそちらのほうへ移《うつ》ることがわかる。

である。草地のそばに木があれば、彼《かれ》らはすぐそちらへ移《うつ》ってしまう。

アゲハチョウが草と木をどうやって見わけるのか、まだぼくにはよくわからない。草と木では、同じ緑色でもすこし色がちがうのだろうか？　草にも木にも、よく見ればいろいろな色調の緑がある。しかし、木の緑と草の緑というような区別《くべつ》をすることはできまい。

今まで見ていたかぎりでは、どうもチョウは高さで木と草とを見わけているのではないかと思われる。つまり、アゲハチョウの飛ぶ高さは、ほぼきまっている。ヤマトシジミのように、地上スレスレに飛ぶことはない。また、アオスジアゲハのように、高さ一〇メートルもある木のてっぺんばかりを飛ぶこともない。だいたい一メートルから二メートルあたりの高さで飛んでゆくことが多いようだ。すると、この高さで飛びながら、下に見えるのはたいてい草である。横かななめ上に見えるのは木である。アゲハチョウはこんなふうにして区別《くべつ》しているのではあるまいか？

いや、彼《かれ》らはわざわざ「区別《くべつ》」しているのではないだろう。つまり、自分の下に緑色の植物が見えないとき、アゲハチョウは不安《ふあん》で、とにかく緑色のもののあるところへ急いで飛んでゆく。次に、その緑色のものが下に見えるのでは、アゲハチョウはまだ不安《ふあん》で、自分の横かななめ上に、キラキラ輝《かがや》く明るい緑色の葉が見えるとやっと落ち着く。きっと、こんなぐあいになっているのだろう。

このことは、あとでのべる産卵《さんらん》の実験《じっけん》からも想像《そうぞう》できるのだが、いずれ実験《じっけん》でたしかめてみたいと思っている。高さ二メートルほどの大きなケージ(網室《あみしつ》)の中の、いろいろな高さのところに、植木鉢《うえきばち》に植えた草を置《お》いて、チョウがどう反応《はんのう》するかをみればよい。

この観察《かんさつ》で、すこし意外だったことがある。ぼくらは、アゲハチョウのメスはもちろんのこと、オスもカラタチにひかれるものと思っていた。というのは、モンシロチョウのオスは幼虫《ようちゅう》の食草《しょくそう》であるキャベツにたいへん強くひきつけられ、したがってキャベツ畑に集まってくるからである。それは、キャベツ畑にはサナギからかえったばかりのモンシロチョウのメスがたくさんいるということから考えても、とてもうまくできている。とはいえ、もちろん、モンシロチョウのオスが、「キャベツ畑にはメスがいるはずだから」などと考、、えているわけではない。生まれつきそうなっているだけなのだ。

いうまでもなく、カラタチはアゲハチョウの幼虫《ようちゅう》の食草《しょくそう》である。だから、サナギからかえったばかりのアゲハチョウのメスも、カラタチの近くにいるはずだ。オスは木に沿《そ》って飛びながら、メスをさがしているのだから、カラタチの木にはとくに関心《かんしん》をもってもいいのではないか。そもそも、アゲハチョウが草地より木にひかれるということも、草地で新しいアゲハチョウが羽化《うか》してくることはほとんどありえないからだろう。アゲハチョウがそんなことまで理解《りかい》できるわけはないから、「とにかく木に沿《そ》って飛ぶ」という性質《せいしつ》が生まれつきそなわっており、その結果《けっか》、オスは能率《のうりつ》よくメスをみつけることができるのだ。

ところが、オスはカラタチでも何の木でも、いっこうにかまわないようである。カラタチだからといって、飛びかたをゆるめて、こまかくしらべてゆくことはない。そして、カラタチが日かげになっていれば、まったく見向きもせずにいってしまう。

もちろん、メスはちがう。メスはカラタチのところへくると、急にゆっくり飛ぶようになり、しかも波をうつようにフラフラ飛ぶ。そして、たとえカラタチがすこし日かげになっていて、近くに日のあたるほかの木があっても、カラタチから離《はな》れない。

チョウ道《どう》をもつチョウと、もたないチョウ

チョウ道《どう》については、こうして、いろいろなことがわかってきた。一つのきちんと、き

まった道があるわけではない。チョウはその生まれつきの性質《せいしつ》にしたがって、そのときそのときに条件《じょうけん》にあったところを飛んでゆくのだが、同じチョウなら、その条件《じょうけん》も同じなので、どのチョウもほぼ同じルートを飛ぶことになり、それがぼくらからみると、チョウ道《どう》にみえるのである。

チョウ道《どう》があるのは、おもにアゲハチョウの仲間《なかま》にかぎられている。アゲハチョウ、クロアゲハ、モンキアゲハ、カラスアゲハなどには、チョウ道《どう》がみられる。同じアゲハの仲《なか》間《ま》でも、キアゲハにはチョウ道《どう》というものはないらしい。キアゲハは山の頂上《ちょうじょう》などでは同じ場所を「占有《せんゆう》」している性質《せいしつ》がある。同じ一ぴきのキアゲハが、一つの場所をグルグルまわって飛びながら、いつまでもそこにがんばっているのである。それを追いはらうか、つかまえるかしてしまうと、また新しいキアゲハがやってくる。けれど、その新しいのが、どこかからかやってくるときには、べつにこれといったルートはきまっていない。

アゲハチョウ以外《いがい》の仲間《なかま》になると、チョウ道《どう》というものはほとんどみられない。たとえば、畑や草原でいくら長い間観察《かんさつ》していても、モンシロチョウにはチョウ道《どう》らしきものはない。モンキチョウでも同じである。

アゲハチョウ、クロアゲハ、モンキアゲハなど、チョウ道《どう》をもつ代表的《だいひょうてき》なアゲハチョウ

山あいのチョウ道

の仲間《なかま》は、ヨーロッパにはいない。ヨーロッパでふつうにみられるアゲハチョウは、チョウ道《どう》をもたないキアゲハだけである。そのためだろう。ヨーロッパの人たちは「チョウ道《どう》」というものを知らないようである。

だいぶ前、ポーランドのチョウ好《ず》きの人から、チョウの交換《こうかん》をしようという手紙がきた。日本のチョウを送ってあげるついでに、「チョウの道」のことをきいてみた。その返事がけっさくだった。「ポーランドにはチョウの道が何本かある。一本はロシアのほうから、ウラル山脈《さんみゃく》をこえてくる。もう一つはチェコスロバキアから……」というぐあいであった。西ドイツのダルムシュタットで、有名なチョウの行動学者であるデットレーフ・マグヌス先生にあったときも、チョウ道《どう》の話をした。あとでのべるミドリヒョウモンというチョウの研究をしたのはこの人である。だがそのマグヌス先生もチョウ道《どう》のことは知らなかった。そして、ドイツ語でそれにあたることばもなかった。いろいろ相談して、今後、チョウ道《どう》のことをドイツ語でいうときは、チョウのフルークバーン(Flug-bahn)、つまりチョウの飛行軌道《ひこうきどう》ということにきめた。

けれど、どうしてアゲハチョウやクロアゲハにはチョウ道《どう》があって、モンシロチョウやモンキチョウやキアゲハにはチョウ道《どう》がないのだろうか？　そのわけは、もちろん、はっきりとはわからないが、一つにはモンシロチョウなどの幼虫《ようちゅう》が木になる植物でなくて、草《そう》本植物《ほんしょくぶつ》を食べて育つことと関係《かんけい》がありそうである。

だれでも知っているとおり、モンシロチョウの幼虫《ようちゅう》は、アブラナ科植物の葉を食べる。アブラナ科植物というと、栽培《さいばい》されるものでは、キャベツ、アブラナ、カブ、ダイコン、ワサビなど、野生のものとしては、ナズナ、グンバイナズナ、イヌガラシ、スカシタゴボウなどがあげられる。いずれも草本植物《そうほんしょくぶつ》、つまり木でなくて草であり、それも多くは高さ五〇センチをこえない、丈《たけ》の低《ひく》い草である。

メスは卵《たまご》を産《う》むためには、これらの草をさがさねばならない。オスも、サナギからかえったばかりの処女《しょじょ》のメスをみつけて交尾《こうび》するためには、これらの草をさがす必要《ひつよう》がある。こういう草から遠くはなれたところにいるメスは、たいていはもう交尾《こうび》をすませており、オスが近よっても交尾《こうび》しようとしない。

モンシロチョウは地上五〇センチから一メートルぐらいのところを飛ぶから、これらの草は自分の下に生えていることになる。そして、モンシロチョウは開けた明るい場所を好《この》むので、草には一めんに日があたっている。すると、モンシロチョウはどこを飛んでもよいことになるし、また、あちこちを飛びまわって広くさがしてこそ、目ざす植物を早くさがしだせるはずである。そうなると、チョウ道《どう》というもののできるわけがない。

同じことは、幼虫《ようちゅう》が草を食べて育つ多くのチョウにも、あてはまりそうである。キアゲハはアゲハチョウと同じ仲間《なかま》だけれど、幼虫《ようちゅう》はセリ科の草、たとえばセリ、ニンジン、ボウフウ、ヤマウドなど、草本植物《そうほんしょくぶつ》の葉を食べて育つので、草との関係《かんけい》はモンシロチョウの場合とよく似《に》ている。キアゲハが木の梢《こずえ》の上を飛ぶことはない。いつも草地の上を飛んでいる。そして、きまったルートなどなしに、あっちへいったり、こっちへいったりしている。

だから、あるチョウにチョウ道《どう》があるかどうかということは、一つにはそのチョウの幼《よう》虫《ちゅう》がどんな植物を食べるかということと関係《かんけい》しているのだ。ほかにもまだ関係《かんけい》することがあるかもしれないが、今のところはわかっていない。

はじめのうちは、風か何かできまるのだろうと思っていたチョウ道《どう》が、じつは意外と複《ふく》雑《ざつ》なものであることが、こうしてやっと明らかになってきた。チョウ道《どう》はチョウが生きてゆくときに、大切な意味をもっている。けれど、チョウ道《どう》はなわばりとは関係《かんけい》がなく、また食物のありかとも関係《かんけい》はない。それは、まさにチョウの飛ぶ道なのであって、それ以上《いじょう》のものではなさそうである。チョウはそこを飛びながら、そこでみつけた花のミツを吸《す》い、みつけたメスと交尾《こうび》し、みつけた食草《しょくそう》に卵《たまご》を産《う》む。

そう考えてみると、チョウの生活は、ずいぶん、ゆきあたりばったりなような気がしてくる。たしかにそうなのかもしれない。だが、これは、これからのべることとも関係《かんけい》があることだし、また、『チョウはなぜ飛ぶか』というこの本の表題とも、ふかく関係《かんけい》したことなのだ。

II　オスとメス

オスはメスをどうしてみつけるか――モンシロチョウ

昔からモンシロチョウを題材《だいざい》にした教材映画《きょうざいえいが》はたくさんある。たぶん教科書にそって作るからそういうことになるのだろうが、最近《さいきん》のものはべつとして、どの映画《えいが》もだいたい同じようにできあがっていた。

まず、キャベツの葉に産《う》みつけられたモンシロチョウの卵《たまご》の大うつし。きれいなすじがみえる。つづいて、「やがて幼虫《ようちゅう》が卵《たまご》のからを破《やぶ》ってふ化してきます。」というような説明《せつめい》とともに、卵《たまご》の上のほうから、幼虫《ようちゅう》の頭がにょっきりとでてくる。幼虫《ようちゅう》の体がしきりにうごき、やがて幼虫《ようちゅう》は卵《たまご》の外にでる。そして、卵《たまご》のからを食べはじめる。幼虫《ようちゅう》がなぜ卵《たまご》のからを食べるのか、そのわけはまだわかっていない。

それから幼虫《ようちゅう》は、いよいよキャベツの葉に食いつき、こまかく口をうごかしながら食べてゆく。やがて、第一回目の脱皮《だっぴ》がくる。幼虫《ようちゅう》はしばらくじっとしているが、そのうちに頭の皮がわれて、新しい頭があらわれ、つづいて背中《せなか》がさけて、新しい幼虫《ようちゅう》の体がでてくる。この幼虫《ようちゅう》はさかんに体をうごかし、古い皮はそれにつれてうしろのほうへぬげてゆく。

新しい幼虫《ようちゅう》は、またキャベツの葉に食いつく。何日かすると、また次の脱皮《だっぴ》をする。こうしてついに、幼虫《ようちゅう》はサナギになり、かなり長い間、じっとうごかずにいる。だが、とうとうチョウになる瞬間《しゅんかん》がくる。サナギの皮が胸《むね》のところでわれ、みずみずしいチョウがあらわれてくる。サナギの皮からぬけだしたチョウは、休むまもなく、翅《はね》をのばしはじめる。そして、のばしきると、翅《はね》が固《かた》まるまで、じっとしている。

「生まれでたチョウは、やがて飛《と》びだします。オスはメスをさがして交尾《こうび》し、メスは卵《たまご》を産《う》みます。こうして生命はひきつがれてゆくのです。」というような格調《かくちょう》高い物語りとともに、花畑の上をみだれ飛ぶモンシロチョウたちがうつり、音楽が一だんと高くなりひびいたかと思うと、「終《おわり》」という字幕《じまく》がでる。

だが、ちょっと待ってくれ。語り手は、いともかんたんに「オスはメスをさがして交尾《こうび》し……」といったけれど、いったいメスをどうやってさがすのだろう？　チョウは鏡《かがみ》で自分の姿《すがた》をみたことはないはずだから、自分の姿《すがた》は知らないだろう？　まして、自分と同じモンシロチョウのメスがどんな色や形をしているか、知るよしもない。自分と同じものといったって、自分がどんなものかわからないのだから、だめである。

それはアゲハチョウでも同じことだ。小さいころからぼくは、アゲハのメスをつかまえて、胸《むね》を押《お》して殺《ころ》し、それをアゲハのチョウ道《どう》のところにおいておくと、次に通りかかったオスのアゲハが、さっと舞《ま》いおりてきて、下におかれた死んだアゲハにさわってゆくことを知っていた。こうすると、アゲハをつかまえやすいのである。

　でも、そのときには、さすがに「なぜか？」などとは考えなかった。ギンヤンマをつかまえるときも、メスのギンヤンマ(東京の子どもはチャンとよんでいた)を糸でゆわえ、棒《ぼう》の先につけてふりまわしながら、オスがそこへ近よってくるのを待つ。自分だって女の子がいれば関心《かんしん》をもつのだから、チョウやトンボのオスがメスのところへ飛んでくるのは、まったくあたりまえのことだと思っていた。

　けれど今になってみれば、どうしてほかのメスでなく、ギンヤンマはギンヤンマのメスにひかれ、アゲハはアゲハのメスにひかれるのかが、問題になってくるのである。クロアゲハのメスをおいておくと、クロアゲハのオスは近よってくるけれど、アゲハのオスはまったく知らんかおをしているし、また逆《ぎゃく》に、クロアゲハのオスは草の上においてある死んだアゲハのメスなどにはまったく見向きもしないのだから。

　アゲハにはアゲハに特有《とくゆう》な、クロアゲハにはクロアゲハに特有《とくゆう》な、何か「目印《めじるし》」のようなものがあるのかもしれない。その目印《めじるし》は、色とか、もようのように、目で見てそれとわかるものかもしれないし、においのようなものかもしれない。

とにかく、アゲハ、モンシロチョウにかぎらず、オスのチョウは、きっと何か確実《かくじつ》な目《め》印《じるし》を手がかりにして、自分と同じのチョウのメスをさがしだしているにちがいない。そうでなければ、この広い野原や木立の中から小さなメスを「的確《てきかく》に」さがしだすことなど、とてもできそうもない。チョウはぼくら人間にくらべたらずっと小さい動物だし、しかも空間の物理的《ぶつりてき》広さは、人間にとってもチョウにとっても、まったくかわらないのだから……。しかも、野外を飛んでいるチョウのメスをつかまえて卵《たまご》を産《う》ませてみると、その卵《たまご》からはたいていはちゃんと幼虫《ようちゅう》がかえる。つまり、それらのメスは、すでにオスに発見され、交尾《こうび》をすませていたのだ。オスはメスをそれくらい的確《てきかく》にさがしだしているのである。そこには何か、ちゃんとしたしくみがあるにちがいない。

じつはぼくは、もうずっと前から、モンシロチョウについて、このようなことが気になっていて、一九六〇年ごろから、いろいろとしらべはじめていた。

推理《すいり》はあたったり、はずれたりして、なかなかはっきりしたことがわからなかったが、一九六八年にはほぼ一応《いちおう》の結論《けつろん》がえられた。それは『もんしろちょう』という三〇分ばかりの映画《えいが》の前半分にまとめられている。* アゲハチョウの研究にとりかかるとき、ぼくらはもちろん、このモンシロチョウでの経験《けいけん》を参考《さんこう》にしたので、そのあらましをのべておくことにしよう。

＊『もんしろちょう——行動の実験的観察《じっけんてきかんさつ》』羽田澄子《はねだすみこ》監督《かんとく》、岩波映画製作所《いわなみえいがせいさくじょ》、一九六八年。この映画《えいが》の後半は、モンシロチョウがどのようにして花をみつけるかを示《しめ》している。

サナギからかえったばかりのモンシロチョウのメスが、キャベツの葉に翅《はね》をとじてとまっている。近くを通りかかったオスは、すぐそこへ飛んできて、ほとんどアッというまに交尾《こうび》してしまう。ところが、モンシロチョウのオスが同じような姿勢《しせい》でとまっていても、通りかかったオスはほとんど気づかずにゆきすぎてしまう。飛んでいるモンシロチョウのオスには、とまっているメスだけが目に入るらしいのだ。

メスが何か合図でもしているのだろうか？　メスの胸《むね》を強く押《お》して殺《ころ》し、キャベツの葉の上におく。そのそばに、同じようにして殺《ころ》したオスをおく。まもなく飛んでいるオスがやってくるが、オスはメスにばかり近寄《ちかよ》ってきて、死んだオスには見向きもしない。

どちらも死んでいるのだから、合図や音はだせるわけがない。それでは、メスは、ぼくらには感じないにおいでもだしているのだろうか？

そこで、平たいガラスの容器《ようき》の中へ殺《ころ》したばかりのメスを入れ、まわりをパラフィンでシールして、においが外にもれないようにする。それでも、オスはあとからあとから、このメスのところにやってくる。においは関係《かんけい》ないのだ。

そうなると、飛んでいるオスは目でメスをみつけているとしか考えられない。しかも、オスとメスをちゃんと区別《くべつ》しているのだ。

翅《はね》をとじてとまっているモンシロチョウは、外からは後翅《うしろばね》のうら側《がわ》しか見えない。ぼくらの目には、後翅《うしろばね》のうらはオスのもメスのも、じつによく似《に》ていて、とても区別《くべつ》がつかない。どうして見分けがつくのだろう？

ミツバチのことばの研究で有名なフォン・フリッシュをはじめ、多くの人々の研究によって、昆虫《こんちゅう》には紫外線《しがいせん》が見えることがわかっている。ぼくら人間には、光を波長《はちょう》の長いほうからならべたスペクトルの赤から紫《むらさき》＊までしか見えず、それより波長が短くなると、もはや光とは感じなくなってしまう＊＊。だから、紫外線《しがいせん》だけで照《て》らした部屋に入ったら、まっくらだと感じる。

＊ほんとうは紫《むらさき》でなく、スミレ色(英語《えいご》ではviolet)というべきだそうである。紫《むらさき》(英語《えいご》のpurple)は、赤とスミレ色のまざったものだからだ。

＊＊けれど、その作用はうける。夏海へ泳ぎにいったり、春先スキーにいったりすると、顔がまっ黒に日焼《ひや》けするのは、太陽の光の中の紫外線《しがいせん》の作用によって皮膚《ひふ》に黒い色素《しきそ》ができるからだ。あまり紫外線《しがいせん》の作用が強いと、皮膚《ひふ》はただれてヒリヒリする。紫外線《しがいせん》にはそういう強い有害《ゆうがい》な作用があるので、人間の目のレンズ(水晶体《すいしょうたい》)は紫外線《しがいせん》を吸収《きゅうしゅう》し、目の奥《おく》の光を感じるデリケートな部分まで紫外線《しがいせん》がとどかぬようになっている。それで、ぼくらには紫外線《しがいせん》が見えないのだ。だから、紫外線《しがいせん》が見えないということは、一つには目を保護《ほご》するしくみの結果《けっか》でもある。

ところが、昆虫《こんちゅう》は、紫外線《しがいせん》を光として感じる。だから、ほんとうにまっくらな部屋の中で、片《かた》すみに紫外線《しがいせん》だけを発しているランプをつければ、昆虫《こんちゅう》にはそこが明るく見えるので、ちょうど電灯《でんとう》に虫が集まってくるのと同じように、そこへ集まってくる。

さらに昆虫《こんちゅう》は、紫外線《しがいせん》をたんに明るいというだけでなく、一つの色として見ている。フオン・フリッシュの実験《じっけん》でわかったとおり、ミツバチは紫外線《しがいせん》を、白から黒までどの濃《こ》さの灰色《はいいろ》とも区別《くべつ》するし、またどの色の色紙とも混同《こんどう》しないからである。

とにかく、ミツバチをはじめ、チョウ、ゴキブリ、そのほかほとんどすべての昆虫《こんちゅう》には、人間とちがって紫外線《しがいせん》が見えることはたしかだと考えられている。そこで、ぼくらは考えた――問題は紫外線《しがいせん》なのではないだろうか、と。

そこで、それをためしてみることにした。ためすといっても、とにかく紫外線《しがいせん》はぼくらの目には見えないのだから、写真そのほかの手段《しゅだん》を使うほかはない。まず、カメラのレンズの前に、紫外線《しがいせん》だけを通すまっ黒いフィルターをつける。そして、よく晴れた夏の、紫《し》外線《がいせん》の強い日に、戸外にモンシロチョウの標本《ひょうほん》をならべて、写真をとる。

すると、今ではいろいろな教科書にのっているので知っている人も多いだろうが、とにかく、メスの表面はほとんど白く、オスの表面はまっ黒にうつった。そして、翅《はね》のうらも、オスでは黒く、メスではかなり明るくうつっている。つまり、メスの翅《はね》は全体として紫外《しがい》線《せん》をよく反射《はんしゃ》し、オスの翅《はね》はほとんど反射《はんしゃ》していないのである。

そうすると、どういうことになるだろうか？　オスでもメスでも、後翅《うしろばね》のうらは、人間の見るところでは黄色っぽい。そして同時に、後翅《うしろばね》のうらは、メスでは紫外線《しがいせん》を反射《はんしゃ》しており、オスではほとんど反射《はんしゃ》していない。ぼくら人間の目では、黄色と青色の絵具をまぜると緑色に見える。二つの色がまざると、まったくちがう色に見えるのだ。黄色と紫外線《しがいせん》がまざった場合と、黄色だけの場合とでは、チョウの目にはまったくちがった色に見える

交尾《こうび》しているモンシロチョウ。上向きにとまっているのがオス、下向きにとまっているのがメス。ふつうの写真(上)では、とくになんの変《へん》哲《てつ》もないが、カメラのレンズの前に紫外線《しがいせん》だけを通すフィルターをつけて撮影《さつえい》すると(下)、オスはほとんどまっ黒にうつる。メスとオスでは、紫外線《しがいせん》を反射《はんしゃ》する度合がちがうのだ。

だろう。この黄色と紫外線《しがいせん》のまざった色こそ、モンシロチョウのオスがモンシロチョウのメスをみつけるときの手がかりではないだろうか？

そこで、いろいろな色素《しきそ》をまぜて、モンシロチョウのメスの後翅《うしろばね》のうらと同じようなぐあいに光を反射《はんしゃ》する紙を作ってみる。ぼくらから見るとうす黄色く、しかもちゃんと紫外《しがい》線《せん》を反射《はんしゃ》している紙である。これを丸っこく切って、針金《はりがね》の先にさし、キャベツ畑の中へ立てておくと、まもなくオスが次々にやってくる。そして、このただの紙切れにとまり、まるでほんもののメスに対するように腹《はら》をまげ、交尾《こうび》しようとするのである。ぼくらの推《すい》測《そく》はまちがっていなかった。

こうして、モンシロチョウのオスが、どのようにしてメスをさがしだすのかは、ほぼわかった。黄色と紫外線《しがいせん》のまざった色という、とくべつの色がそのかぎであったのだ。

アゲハチョウの場合

アゲハチョウのオスがメスをどのようにしてみつけるのか、という研究にとりかかったのは一九七一年からであった。この問題は、当時、東邦大学生物学科の四年生であった山下恵子《したけいこ》さんがうけもった。

アゲハチョウは、モンシロチョウにくらべると、成虫《せいちゅう》も幼虫《ようちゅう》も数がずっとすくないし、モンシロチョウがキャベツ畑にむらがっているように、どこかへゆけば、一度に何十ぴきもの成虫《せいちゅう》がいるというようなこともない。むしろアゲハチョウは、前の章でのべたように、広い地域《ちいき》をさかんに飛びまわっている。モンシロチョウにくらべて、はるかにむずかしい相手であることは、はじめから覚悟《かくご》していた。

とにかく、自然《しぜん》の中でアゲハチョウの交尾《こうび》を観察《かんさつ》するのはむずかしい。交尾《こうび》しているオス・メスはときどきみつかるのだが、まだ交尾《こうび》していない処女《しょじょ》のメスのところへ、オスが飛んできて交尾《こうび》するところは、なかなかみられないのである。

そこで、幼虫《ようちゅう》から飼育《しいく》したチョウを、ケージ(網室《あみしつ》)の中に放して観察《かんさつ》することにした。

まず、メスのアゲハをつかまえてきて、卵《たまご》を産《う》ませる。これには二つ方法《ほうほう》がある。一つは、大きなケージの中に放し、中においた鉢植《はちう》えのカラタチやミカンに産《う》んだ卵《たまご》を集めるやりかたである。これは手間はかからないが、あとでのべるように、小さい寄生《きせい》バチがやってきて、アゲハの卵《たまご》に自分の卵《たまご》を産《う》みこんでしまうので、ひどいときは、集めた卵《たまご》の半分もかえらないことがある。

といって、アゲハはたいへん気むずかしく、小さい飼育箱《しいくばこ》の中では卵《たまご》を産《う》んでくれない。そこで、もう一つの方法《ほうほう》として、もっと強制的《きょうせいてき》なのがある。チョウを飼《か》っている人なら、だれでも知っているリシャール式というやつだ。

大きな植木鉢《うえきばち》の底《そこ》に砂《すな》を入れ、たっぷり水をふくませて、ミカンの小枝《こえだ》をそこにさしておく。ミカンやカラタチの苗《なえ》を鉢植《はちう》えにしたものがあればさらによい。この鉢《はち》にぴったり合うガラス円筒《えんとう》をかぶせておくのだ。そして、卵《たまご》をもったメスのチョウを入れて、ガラス板でふたをし、上から電灯《でんとう》(蛍光灯《けいこうとう》よりも、白熱《はくねつ》電球のほうがよい)で照《て》らしておく。すると、一、二日のうちに、チョウはたくさん卵《たまご》を産《う》むのである。

この卵《たまご》を集め、ミカンの葉からはがしてシャーレに入れ、ふ化するまで待つ。ふ化しそうになると、卵《たまご》の中の幼虫《ようちゅう》がすけてみえてきて、卵《たまご》は黒ずんでくるから、かえったらすぐ食べられるように、えさを入れておく。

えさはもちろん、カラタチやミカンの葉でよいのだが、カラタチは冬は落葉してしまうし、ミカンの葉も冬は色が黒ずみ、かたくなって、えさとしては適《てき》さなくなる。どちらも小さい植物ではないから、温室やビニール・ハウスを作るにしても、かなり大がかりなこ

人工飼料《しりょう》でアゲハチョウの幼虫《ようちゅう》を飼《か》う。カラタチの葉をつみ、水でよく洗《あら》ってから、通風乾燥器《つうふうかんそうき》で乾燥《かんそう》し、磨砕器《まさいき》でこまかい粉末《ふんまつ》にする。薬品をまぜて、できた人工飼料《しりょう》は、うすくヨウカンのように切ってやる。

とになってしまう。そこで、ぼくの研究室では、人工のえさを使うことにしていた。

昆虫《こんちゅう》の人工飼料《しりょう》はさかんに研究されており、アゲハチョウの人工飼料《しりょう》も釜野《かまの》静也《せいや》さんによって、たいへんよいものが作られている。昆虫《こんちゅう》がどのような栄養《えいよう》を必要《ひつよう》とするかという点からみて、適当《てきとう》と思われる薬品をいろいろまぜ、それにその昆虫《こんちゅう》が食べているえさ(アゲハならカラタチの葉)の乾燥粉末《かんそうふんまつ》をすこしまぜて、食べやすくしてやるのだ。釜野《かまの》さんの調製《ちょうせい》したアゲハの人工飼料《しりょう》の組成《そせい》と作りかたを、表と写真にして示《しめ》しておく。実際《じっさい》には、

人工飼料組成表

水	100.0 mℓ
寒　天	3.0 g
粉末ろ紙	5.0 g
ショ糖	2.0 g
ブドウ糖	1.0 g
カゼイン	2.0 g
乾燥酵母《こうぼ》1)	2.0 g
無機塩混合2)	0.3 g
コレステロール	0.1 g
コリンクロライド	0.2 g
アスコルビン酸ナトリウム	0.3 g
ソルビン酸ナトリウム	0.15 g
4% ホルムアルデヒド	2.0 mℓ
カラタチ生葉 (乾燥粉末)3)	20.0 g (10.0 g)

1) 粉末エビオス
2) ウェッソンの処方によるもの
3) 葉の乾燥粉末だったら 10.0 g。釜野さんの考案した組成では生葉を使うようになっている

アゲハチョウも他の多くの昆虫と同じように、いろいろな薬品をまぜて作った人工飼料で飼うことができる。

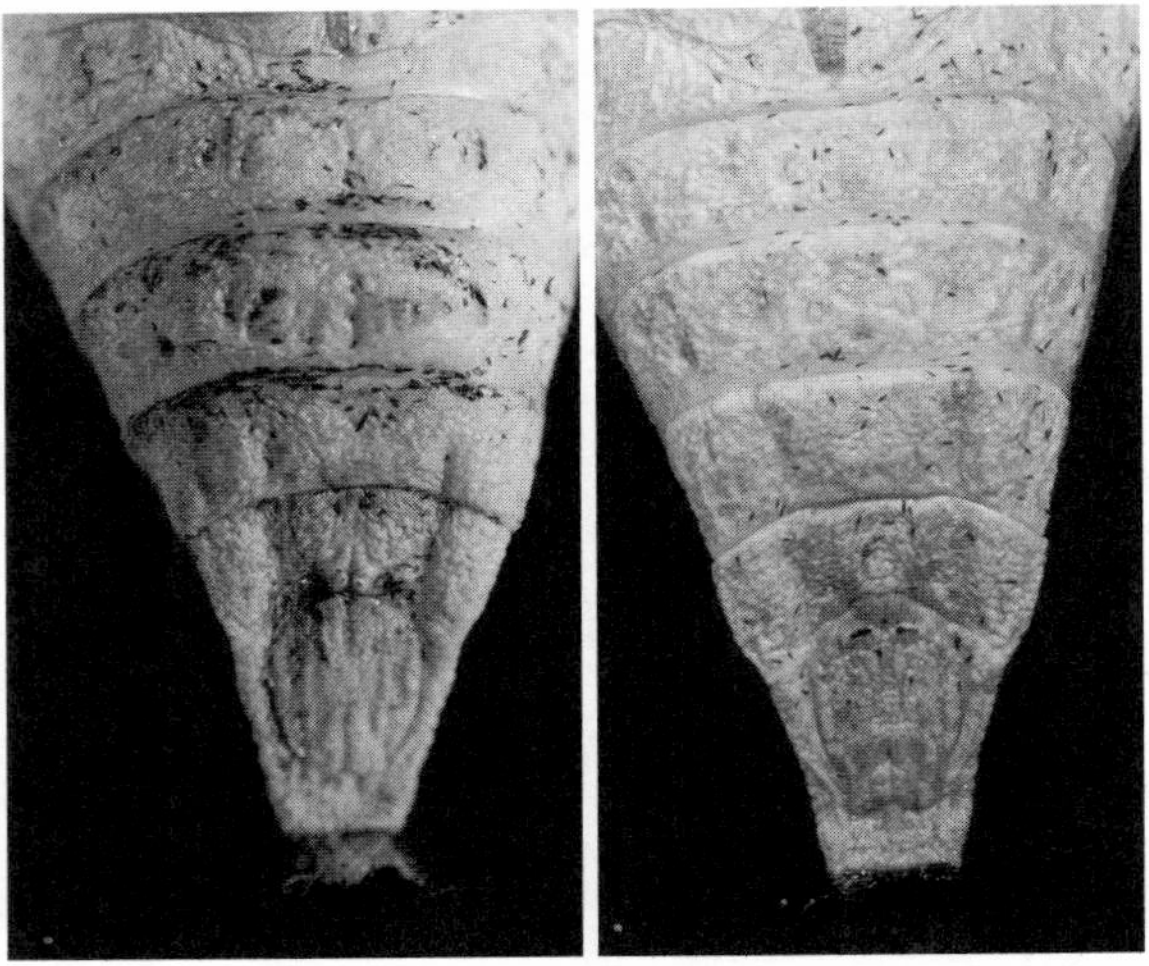

サナギのオス・メス。しっぽのところを腹側《はらがわ》から見ると、メス・オスではっきりしたちがいがある。メス（左）では最後《さいご》の節《せつ》とその一つ前の節《せつ》にかけて、中央部に縦《たて》の切れこみがあるが、オス（右）にはそれがない。

これにさらにダイズの油をすこしまぜることにしていた。どうもそのほうが元気なチョウが育つらしいからだ。

　こうして育てた幼虫《ようちゅう》がサナギになったら、オス・メスにわける。オス・メスはサナギのときでもわかる。将来《しょうらい》、交尾器《こうびき》になる部分の様子が、オス・メスでちがうからだ。双眼顕微鏡《そうがんけんびきょう》でのぞくと、このちがいはすぐわかるので、オス・メスをわけるのはかんたんである。あとはチョウになるのを待つだけだ。

　いよいよチョウがではじめる

とき、ふつうはオスのほうが一、二日早い。そういうオスはすぐケージに放して、自由に飛ばしておく。チョウのえさは花のミツだが、とくに花を入れてやる必要《ひつよう》はない。ぼくのこれまでの経験《けいけん》でもわかっているとおり、多くのチョウは、花のにおいや形やミツの存在《そんざい》でなく、ただその色にひかれて花をみつける。* だから、砂糖水《さとうみず》を入れた容器《ようき》に、小さい穴《あな》をたくさんあけ、赤くぬったふたをかぶせておけば、チョウはおなかがすくと自分でそこへ飛んできて、砂糖水《さとうみず》を吸《す》っている(二〇三ページの写真)。

＊ 前にいったように、映画《えいが》『もんしろちょう』の後半でこの研究のことをあつかっている。

あと気をつけることは、ケージの一部に日かげを作ってやることである。前にチョウ道《どう》のところでのべたとおり、昼間、気温が上がり、日ざしが強くなると、チョウの体温が高くなりすぎることがある。そんなとき逃《に》げこんで休む日かげがないと、チョウはたちまちにしてまいってしまうのだ。そのころ、ぼくらが使っていたケージは、縦横《たてよこ》四メートルで、高さ二メートルであった。その西側《にしがわ》の一部と、西よりの天井《てんじょう》の一部によしずをかけて、日かげを作ってあった。

実際《じっさい》に使ったケージは縦横《たてよこ》4 m、高さ2 mで、目が1 cm角の黒のビニール網《あみ》をはってある。昔、モンシロチョウの映画《えいが》(79ページ)を撮影《さつえい》するとき使ったのを改造《かいぞう》したものだ。天井《てんじょう》によしずをかけて日かげを作ったり、水をまいて乾《かわ》きすぎるのを防《ふせ》いだり、こまかな注意が必要《ひつよう》だ。

ケージの網《あみ》の目の大きさも問題だ。あまり目がこまかいと、チョウはやたらに逃《に》げようとし、天井《てんじょう》でバタバタしていて、えさも食べず、もちろん交尾《こうび》も産卵《さんらん》もしない。よく売っているサランの網《あみ》は、アゲハチョウにはこまかすぎる（モンシロチョウなら大丈夫《だいじょうぶ》である）。といって、あまり目があらすぎると、当然《とうぜん》のことだがチョウが逃《に》げてしまう。飛んでいるときは翅《はね》を広げているから、かなり大きな目でも逃《に》げないが、網《あみ》にとまってしまって、歩いてゆくと、胴《どう》は細いし、翅《はね》はしなやかなので、するりとぬけてしまうのだ。当時、使っていたのは目が一センチ角の網《あみ》で、モンシロチョウにもアゲハチョウにもちょうどよかった。

さて、オスはあらかじめこういうケージの中で飛ばしておく。二、三日でオスはすっかり成熟《せいじゅく》し、さかんに追いかけあったりするようになる。たいていはちょうどそのころ、メスが羽化《うか》してくる。そうしたら朝一〇時ごろ、アゲハチョウの交尾《こうび》行動がいちばん活発だと思われるときに、この処女《しょじょ》のメスをケージに放し、どんなことがおこるかを観察《かんさつ》するのである。

放たれたメスは、たいていはフラフラッと飛んで、ケージの網《あみ》やカラタチの葉にとまる。たちまち、オスがやってきて、ちょっとバタバタしたかと思うと、もう腹《はら》の先を接《せっ》しあっ

あらかじめ、オスを何びきか飛《と》ばしておいたケージの中へ、羽化《うか》してまもない処女《しょじょ》のメスを放すと、メスはすぐケージの網《あみ》などにとまる。すると、さっそくにオスが飛《と》んできて、アッというまに、そのメスと交尾《こうび》してしまう。オスは、交尾《こうび》しているメスにでも飛《と》んでくるばかりか、メスさえいれば、ほかのことなどどうでもよいといわんばかりだ。

て交尾《こうび》してしまう。じつにあっけない。何がどういう順番《じゅんばん》におこったのか、ほとんどわからないくらいだ。

一度交尾《こうび》をしたメスだと、オスが飛んできても交尾《こうび》はしない。それまで開いていた翅《はね》をパッと閉《と》じる。するとオスは飛び去ってしまう。

とにかく、これでは、何が何だかさっぱりわからない。オスがオスを追いかけたり、とまっているオスのところへ飛んできてさわったり、かと思うと、オスの翅《はね》の上へとまってしまったりする。さらにまた、一度交尾《こうび》したメスとオスとが、長いこと前になり後ろになりしながら、空中をゆっくり飛びつづけることもある。何もかもモンシロチョウとはちがうのだ。

こうなったら、しかたがない。モンシロチョウのときにやったように、死んだメスやオスをモデルに使って、問題を解《と》いてゆかなければならない。まず最初《さいしょ》は、死んだメスにオスが飛んでくるかどうか、ということである。前にいった子どものころの経験《けいけん》から、おそらくそうなるだろうことは予想されていた。だが、じっさいにやりはじめてみると、どうもへんなことばかりおこった。

まず、黒くぬったベニヤ板の上に、殺《ころ》したメスを二ひきおく。一つは翅《はね》のおもてをだし、もう一つはうらをだしておく。生きたメスはたいてい翅《はね》を開いて、つまり翅《はね》のおもてを見せてとまっており、そこへオスが飛んでくる。そして、メスがすでに交尾《こうび》していると、すぐさま翅《はね》を閉《と》じてしまい、オスは飛び去る。だから、オスがメスをみつけるときには、メスの翅《はね》のおもてが大切ではないかと思ったのである。

ところが、オスはおもてにもうらにも、ほとんどやってこなかった。この原因《げんいん》はだいぶあとでわかったのだが、とにかく、しかたがないので、バックを緑色の板にかえた。ところが今度もへんであった。オスは飛んではくるのだが、緑色の板にベタッととまって休んでしまうのである。もちろん、モデルにとまるものもあったが、これから交尾《こうび》行動にはいろうという様子ではない。ただそこへとまって休んでしまうのである。緑色のもつこの奇《き》妙《みょう》な効果《こうか》も、その後すこしわかってきた。

やむをえない。今度は透明《とうめい》なプラスチックの板に、メスのモデルをとりつけた。ついでに比《ひ》較《かく》のため、オスのおもて・うらのモデルもあわせて、四つのモデルをとりつけ、それをケージの北側《きたがわ》の面の、高さ一・五メートルのところにおいた。風、光そのほか、こまかい気象条件《きしょうじょうけん》の影響《えいきょう》を避《さ》けるために、モデルの位置《いち》は、一〇分ごとに一つずつずらした。

その結果《けっか》はこうなった。一〇分を一単位《たんい》として一四回実験《じっけん》をくりかえした総計《そうけい》で、メスのおもてへオスが近よってきたのは二九回、メスのうらへは一四回、オスのおもてへは二四回、オスのうらへは二〇回であった。つまり、どれも大差《たいさ》はないのである。メスのおもてが、てってい的《てき》にたくさんのオスをひきつけるだろう、と考えていたのはまちがいだった。

これで、まず最初《さいしょ》から、わけがわからなくなってしまった。

モンシロチョウの場合には、メスのうらとオスのうらとをならべておくと、飛んでいるオスは、メスのうらにばかりやってくる。オスのうらとか、メスのおもてとかは、それだけをおいておくと、オスはかなりやってくるが、メスのうらと組み合わせたら、ほとんど無視《むし》されてしまう。だから、オスはメスのうらにもっとも強く引きよせられる、ということができた。ところが、アゲハチョウでは、そのようなことがいえないのだ。

ただし、この実験《じっけん》では、においのことを考えに入れていない。もしアゲハチョウのオスが、メスをその「姿《すがた》」でさがしだすのでなく、メスの体からでる「におい」でさがしだしているのだとしたら、話はまったくちがってくる。

そこで、このようなときによく使う方法《ほうほう》で、実験《じっけん》をやってみた。

まず、厚《あつ》さ一ミリのプラスチック板を横一一センチ、縦《たて》八センチの長方形に切り、羽化《うか》したばかりの新鮮《しんせん》な処女《しょじょ》メスを殺《ころ》して、翅《はね》を開いた状態《じょうたい》でその上にのせる。そして、もう一枚《まい》同じ大きさのプラスチック板をかぶせてチョウを封《ふう》じこめるのだが、チョウをつぶしてしまわないために、チョウの体と同じくらいの太さ(五ミリ角)の木の棒《ぼう》を二枚《まい》のプラスチック板の間にはさむ。そのはさみ方に二とおりあって、一つはごく短い棒《ぼう》を四隅《よすみ》にだけおき、もう一つでは棒《ぼう》でへりをすっかりかこむようにおく。そして接着剤《せっちゃくざい》でとめる。

においを封《ふう》じこめる装置《そうち》と、においが外にただよう装置《そうち》を作る。

こうすると、チョウは二枚《まい》のプラスチック板にはさまれて、おもてからでも、うらからでも見える。そして、第一の方《ほう》法《ほう》で作ったモデルでは、プラスチック板のすきまから、(もしチョウがにおいを出しているとすれば)そのにおいが外にただよってゆくはずである。第二の方法《ほうほう》で作ったモデルでは、接着剤《せっちゃくざい》でとめたのち、外からとけたパラフィンをぬってシールしてしまうので、においは外にもれないはずである。

この二種類《しゅるい》のモデルを高さ一メートルほどの棒《ぼう》の先にとりつけ、ケージの中に立ててみる。どちらか一方のモデル、つまり、においのするはずのモデルと、においのしないモデルとのどちらかを立てておいても、両方をならべて立てておいても、ケージの中のオスのアゲハチョウは、モデルに飛んでくる。とくに、どちらかのほうへくるほうが多い、ということはない。そして、近よってきては、モデルのプラスチック板にさわり、そしてまた飛び去ってゆく。

つまり、においのあるなしは関係《かんけい》がないのだ。このプラスチック板が人間の目に(そしてアゲハチョウの目にも)見える可視光《かしこう》と、人間には見えないがアゲハには見えるかもしれない近紫外部《きんしがいぶ》の光(波長が比較的《ひかくてき》長い紫外線《しがいせん》)を、一様に通すことは、あらかじめ測光器《そっこうき》械《かい》でたしかめてある。だから、角度によってはプラスチック板が光って見えることをのぞけば、中に入れられたアゲハチョウは、むき出しのままのときと、同じ色に見えているはずだ。そして、オスのアゲハは、むき出しのままのメスのところへ飛んでくるのと、ほとんど同じくらいよく、このモデルに飛んでくるのである。アゲハチョウのオスも、モンシロチョウのオスと同じく、メスをにおいによってではなく、目で、つまり、視覚《しかく》によってみつけだすのだ。

だとすれば、それはやはり翅《はね》の色によるにちがいない。胴体《どうたい》などは関係《かんけい》ないはずだ。じっさい、翅《はね》だけを切りとって一枚《まい》の小さなプラスチック板に貼《は》りつけたモデルを出してみ

におい《》を封《ふう》じこめる野《や》外《がい》実《じっ》験《けん》

ると、オスはさかんに飛んでくる。
殺《ころ》したばかりのメスでなくても、きっとかまわないはずだ。そこで、死んでから二週間も三週間も、ときには何か月もたって、カラカラにかわいたメスの翅《はね》で同じようなモデルを作ってみた。これにもオスはさかんに飛んできた。カラカラにかわいたオスの翅《はね》でも、同じことであった。アゲハチョウのオスが、仲間《なかま》の翅《はね》を見て飛んでくることは、もはやうたがいない。

アゲハチョウはこうした点では、モンシロチョウと同じだが、たいへんにちがうところもある。それは、オス・メス、どちらにも飛んでくる、ということだ。どちらのモデルに対しても、オスは同じように反応《はんのう》する。つまり、さっと近よってきて、肢《あし》でモデルにさわるのである。

そこから先の反応《はんのう》は、モデルによってちがってくる。まずモデルが殺《ころ》したばかりのアゲハチョウの翅《はね》である場合、このときは、そのモデルがメスの翅《はね》だったら、オスはしつこく腹《はら》をまげて、モデルと交尾《こうび》しようとする。もちろん、このモデルには胴体《どうたい》はないから、オスは望《のぞ》みを果《は》たすことはできない。しばらくむだな努力《どりょく》をつづけたのち、オスはあきらめたように飛び去る。

もしモデルがオスの翅《はね》であると、飛んできたオスは、モデルに肢《あし》でちょっとさわって、すぐ飛び去ってしまう。いかにも、「なんだ、こいつオスか！」とでもいわんばかりである。だからオスのアゲハチョウは、とにかくアゲハチョウの翅《はね》をみつけたら、いちおう、そこへ飛んでゆき、肢《あし》の先でさわってみて、それがオスかメスかを「見わける」、いや「さわりわける」のだ。

けれど、モデルが古いひからびた翅《はね》で作られている場合には、飛んできたオスは、ちょっとさわって、たとえそれがメスの翅《はね》であっても、まもなく飛び去ってしまう。腹《はら》をまげて交尾《こうび》しようと試《こころ》みることは、まずないといってよい。なぜだろうか？

オスをひきつける縞《しま》もよう

とにかく、アゲハチョウのオスが仲間《なかま》の翅《はね》を目で見て飛んでくることはたしかになった。では、飛んできて、さわる、というオスのこの行動をひきおこすのは、翅《はね》の何なのだろうか？

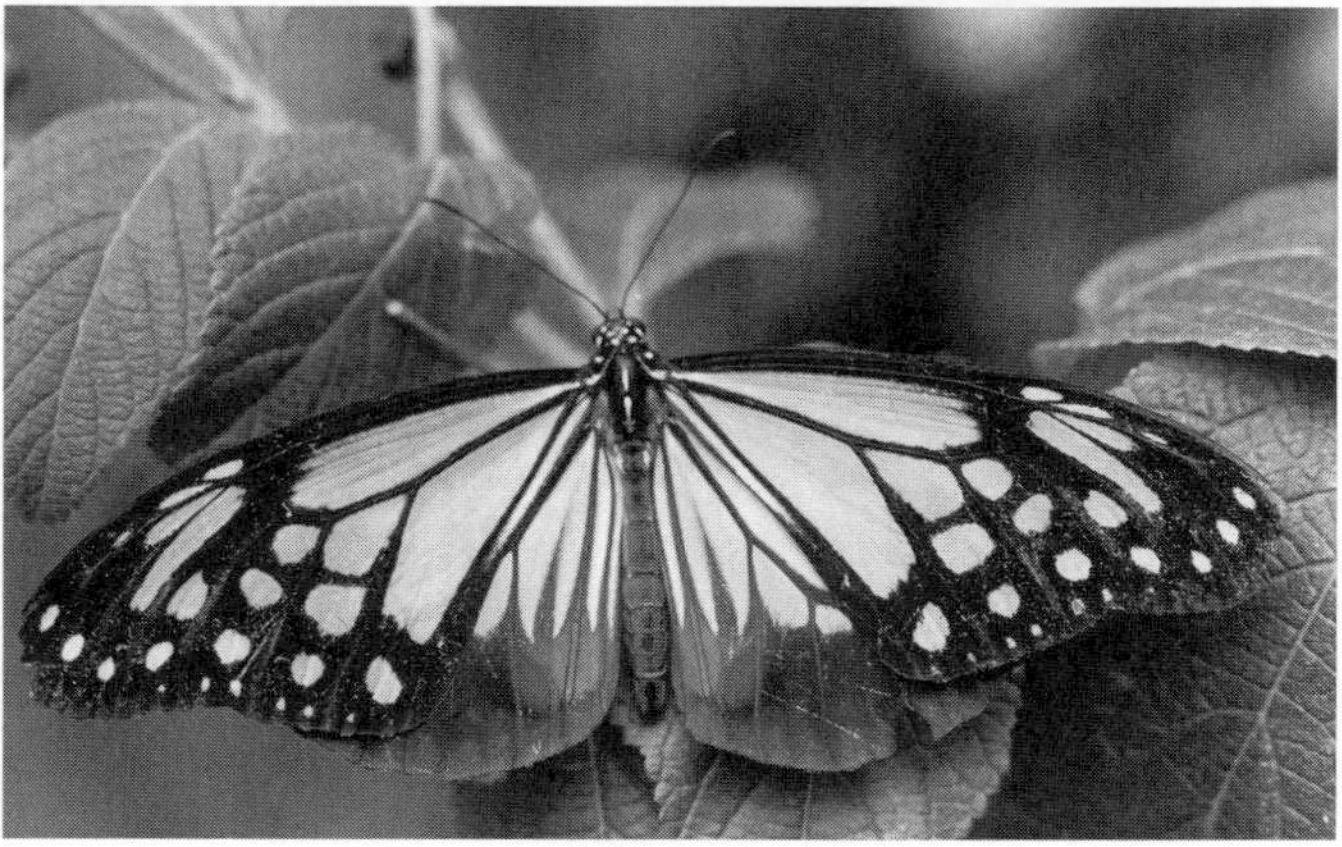

アゲハチョウ(上)の仲間《なかま》には、尾状突起《びじょうとっき》のあるものが多い。これが何の役に立つのかはよくわかっていない。シジミチョウの仲間《なかま》にも、細い糸のような尾状突起《びじょうとっき》をもつものが多いが、この場合には、これが“にせの触角《しょっかく》”となって、しっぽのほうが頭に見え、鳥などが頭からパックリ食べようとしたとき、さっと反対の方向へ逃《に》げるのだといわれている。アサギマダラ(下)は、尾状突起《びじょうとっき》のない、ふつうのチョウの例《れい》だ。

形？　たしかにアゲハチョウの翅《はね》は、かなりかわった形をしている。とくに、後翅《うしろばね》の先に、細長くのびた、いわゆる「尾状突起《びじょうとっき》」がある。モンシロチョウそのほかのチョウにはこんなものはない。

けれど、尾状突起《びじょうとっき》を切り取った翅《はね》をおいても、オスはそれをめがけて飛んできて、さわる。だから、翅《はね》の形は関係《かんけい》ないといえそうである。

それでは、色は？　このほうは大いに可能性《かのうせい》がある。モンシロチョウの場合にも、オスをひきつけるのはメスの後翅《うしろばね》のうらの色であった。

そこで、まず、死んだアゲハチョウのメスの翅《はね》の黄色い縞《しま》の部分を、マジック・インキでぜんぶ赤くぬってしまった。ふつうの黄と黒の縞《しま》もようでなく、赤と黒の縞《しま》もようのアゲハができあがったわけである。オスはこのモデルに飛んでくるだろうか？

ケージの中の実験《じっけん》でも、あるいは、野外でオスがメスをさがしてさかんに飛びまわっているカラタチの生垣《いけがき》やミカン畑にモデルを立ててみた実験《じっけん》でも、オスはこのモデルにはまったく飛んでこなかった。黄色い部分を赤くぬられたメスの翅《はね》は、もはやアゲハチョウのオスをひきつけなくなってしまうのである。

だが、こういうように、オスがまったく「飛んでこなかった」という否定的《ひていてき》な結果《けっか》がで

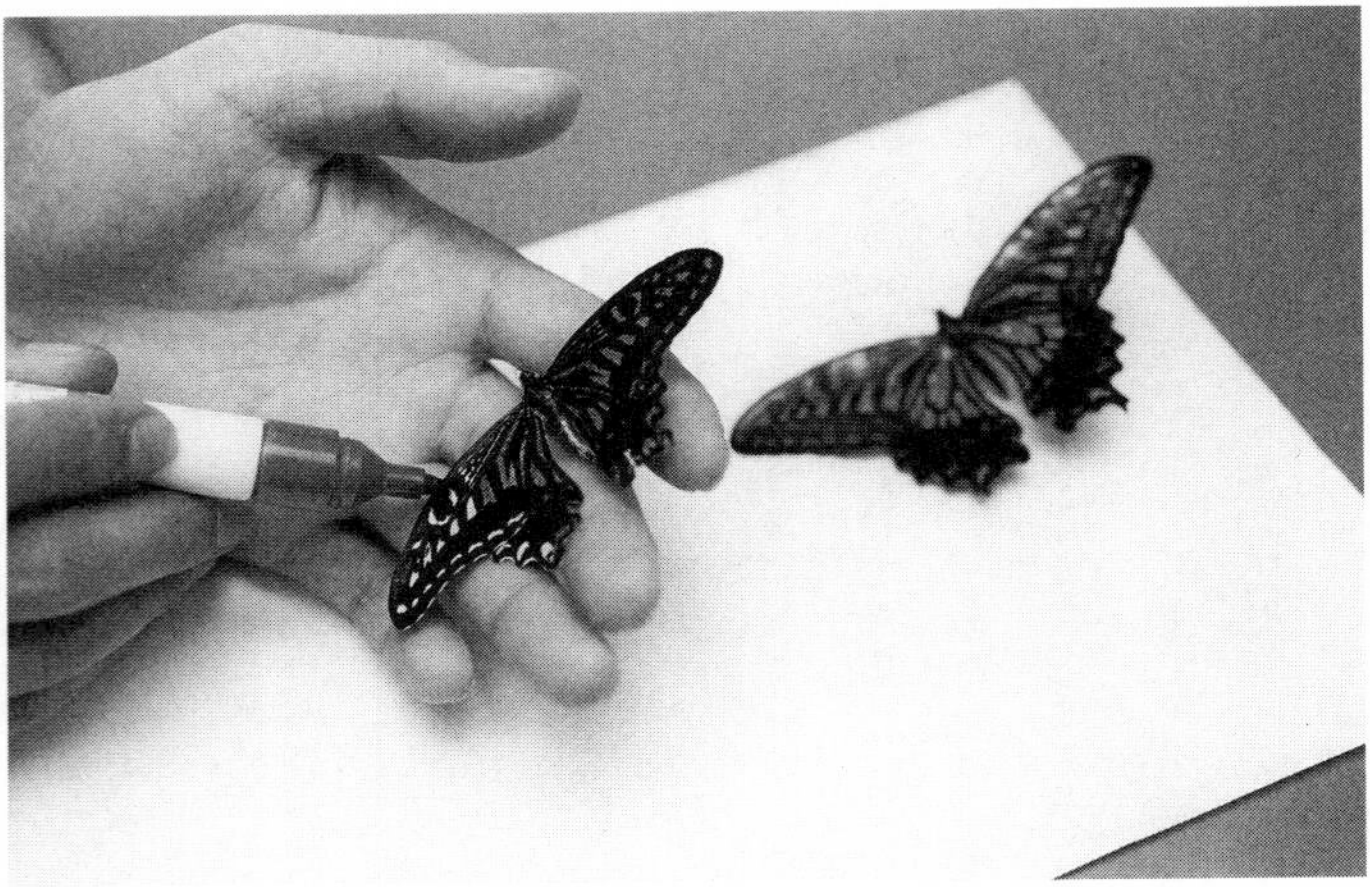

翅《はね》の黄色いところを、マジック・インキで赤くぬりつぶしてみた……

た場合、とくに心配になることがある。それは、もしかしてこの実験《じっけん》をやったときは、たまたまオスがぜんぜんダメだったんじゃないか、メスをさがして交尾《こうび》しようなんていう「気がなかった」んじゃないか、それとも、まわりで何かオスの気になるようなことがおこっていたんじゃないか、という心配である。もしそうだったら、オスがモデルに飛んでこなかったのは、モデルのせいではなかったことになる。

そんな心配を追いはらう方法《ほうほう》の一つは、時と場所をかえて、何度も同じ実験《じっけん》をくりかえすことだ。もちろん、モデルもそのたびに作りかえて、たまたまその一個《こ》のモデルが、何かの理由でオスをひきつけなかったのでなく、黄色いところを赤くぬったモデルは、すべてがオスをひきつけないのだ、ということをたしかめる。

それでも、さっきの心配は完全《かんぜん》には晴れない。実験《じっけん》は何回かくりかえしたのだが、運わるくそのたびごとに、ちょうどオスがダメなときばかりにぶつかってしまった、ということだって、ないとはかぎらないからである。

そこで、ぼくらはこういう方法《ほうほう》をとった。まず、殺《ころ》したばかりのメスの翅《はね》で作った、もちろん黄色い縞《しま》のままのモデルで、一〇分間、実験《じっけん》をする。オスはつぎからつぎへと、このモデルにやってくる。オスはちゃんとしており、メスをさがす気は十分にある。まわりに、オスの気を散《ち》らすようなことはおこっていない。そこで、今度は赤くぬったモデルととりかえる。オスはさっきと同じように、しきりと飛びまわっているが、赤ぬりモデルにはちっともやってこない。こうして一〇分間、実験《じっけん》をつづける。次にまた、殺《ころ》したばかりの黄色い縞《しま》のメスのモデルととりかえる。オスはさかんに飛んでくる。オスはその気は十分にあるのだ。

このように、正常《せいじょう》のモデルと赤ぬりモデルを交互《こうご》に出したり、赤ぬりモデルでの実験《じっけん》を正常《せいじょう》モデルの実験《じっけん》でサンドイッチにしたりして、実験《じっけん》をくりかえしてゆけば、さっきいっ

実験《じっけん》に使ったいろいろなモデル

た心配はまずなくなる。オスが一〇分で突然《とつぜん》ダメになったり、きちんと一〇分ごとにやる気をなくしたりすることはないということを、以前《いぜん》からの観察《かんさつ》や予備《よび》テストでたしかめてあるからだ。

こういう方法《ほうほう》で、日や場所をかえ、時間としては、アゲハのオスがさかんにメスをさがして交尾《こうび》しようとする午前中をえらんで、実験《じっけん》をくりかえした。同じく午前中といっても、春や秋は一〇時ごろから一三時すぎまで、夏は九時から一一時までだ。その前はオスはあまり飛ばないし、そのあとは飛びかたが荒《あら》っぽくなり、しかも、むしろ花を熱心《ねっしん》にさがすようになる。

汗《あせ》を流し、日にやけてまっくろけになる、あまり楽ではない実験《じっけん》のすえ、メスの翅《はね》の黄色い部分をぜんぶ赤くぬってしまうと、もはやオスをひきつけなくなることは、まず確実《かくじつ》になった。

やはり、あの黄色い色が大切だったのだ。

ところで、今までのチョウの研究では、次のように考えられていた。オスをひきつけるのはメスの翅《はね》の色、つまり全体的《ぜんたいてき》な「色調」であって、翅《はね》にあるいろいろなもようは関係《かんけい》がない、と。

ヒョウモンチョウの仲間《なかま》の翅《はね》のおもては明るいオレンジ色だ。うらは全体が暗緑色で、銀色のすじが入っている。

たとえば、モンシロチョウでは話はかんたんである。モンシロチョウの翅《はね》のうらには、もようなんかないので、色だけが重要《じゅうよう》なのだ。同じ色をした色紙でモデルを作ってみると、モデルは丸かろうと四角であろうと、また三角であろうと、オスはさかんに飛んできて、かわいそうに、このただの紙切れと必死《ひっし》になって交尾《こうび》しようとする。だから、大切なのはあくまで色調で、形は関係《かんけい》ないのだ。

また、西ドイツのマグヌス教授《きょうじゅ》が研究した、ミドリヒョウモンというヒョウモンチョウの場合もそうである。このチョウの翅《はね》のおもては美しいオレンジ色で、そこにけもののヒョウの紋《もん》のような黒いまだらがある。翅《はね》のうらは黒ずんだ緑色で、銀色のすじの入った幻想《げんそう》的《てき》なもようである。けれど、マグヌスの実験《じっけん》によれば、これらのもようには、とくに意味はないのだ。

マグヌスは、ほんものの翅《はね》を使っても研究したけれど、色紙のモデルも使った。つまり、黒いまだらのある翅《はね》のおもてのかわりとしてオレンジ色の色紙を、銀色のすじの入った暗緑色のうらのかわりとして黒い色紙を使ったのである。ミドリヒョウモンのオスは、飛んでいるミドリヒョウモンのメスを追いかけてゆき「強制着陸《きょうせいちゃくりく》」させて交尾《こうび》する。そのとき、最初《さいしょ》にオスをひきつけるのは、飛んでいるメスが羽ばたくとき、翅《はね》のおもてのオレンジ色とうらの黒色がかわりばんこに見えるために発せられる、オレンジと黒のチカチカなのだ。

おもしろいことに、ほんものの翅《はね》のおもてとうらを貼《は》りつけたモデルを回転させて、このチカチカを発した場合より、まったくのオレンジ色とまったくの黒色の色紙を貼《は》ったモデルを回転させた場合のほうが、オスは強くひきつけられるのである。

羽ばたきかたが速くなると、チカチカも速くなる。オスはほんもののメスより、もっと速いチカチカを発するモデルのほうに、よくひきつけられる。

つまり、マグヌスのいうところでは、ほんもののメスは、オスにとってけっして「最《さい》高《こう》」のものではないのだ。メスはそんなに速くは羽ばたけない。翅《はね》の色にしても、ただのオレンジ色と黒だったら、あまり目立ちすぎて、敵《てき》におそわれやすい。そこで、オスの目につくことと、敵《てき》の目につきにくいこととを適当《てきとう》に「妥協《だきょう》」させて、オレンジ色に黒いまだらをつけたり、黒色に緑色をまぜたり、銀色のすじを入れたりしているのだ。オスの目につきやすいためだけなら、もようなんかない、無地《むじ》のほうがいいのだ、というのである。

マグヌスの研究はとてもくわしいものだった。そして、ドクチョウ、そのほかのチョウでも、色の大切なことが知られてきたので、チョウの翅《はね》のもようは、「妥協《だきょう》の産物《さんぶつ》」であり、オスをひきつけるうえでは、むしろあまり意味はないのだ、と考えられるようになっていった。

ぼくらもそう思った。つまり、アゲハチョウの翅《はね》の黄色と黒色の縞《しま》もようは、きっと保《ほ》護色《ごしょく》の意味があるのだろう。アゲハチョウは、クロアゲハのように、日かげの暗いところばかりを飛ぶのではない。キチョウやモンキチョウのように、明るい草原の上ばかりを飛ぶのでもない。チョウ道《どう》のところでのべたように、アゲハチョウは、木の葉の輝《かがや》きと影《かげ》がチラチラする場所を好《この》んで飛ぶ。そして、そのようなところにとまって休む。だから、光

黒い布《ぬの》のバックを立てて……

と影《かげ》が縞《しま》のようになっていると、きっと敵《てき》の目につきにくいのではないだろうか。じっさい、こまかい枝《えだ》と葉がゴチャゴチャいりくんだカラタチの垣根《かきね》などにアゲハがとまっていても、ちょっと気がつかないことがある。

けれど、さっきの赤くぬる実験《じっけん》でわかったとおり、オスがメスをみつけるときに大切なのは、じつは黄色い色なのだ。オスはその黄色にひきつけられて、メスのところへやってくる。だから、アゲハチョウのメスは、ほんとはまっ黄色だったほうがよかったのだ、でも、それではあまり敵《てき》の目につきすぎて危険《きけん》だから、黒いすじを入れて何とかごまかしているのだ、と、こんなふうに考えたのである。

よし、それなら、まっ黄色なアゲハチョウを

翅《はね》の黄色いところだけをたんねんに切り出して、ボール紙に貼《は》りつけ、まっ黄色のモデルを作った。

作ってやろう。

死んだメスの翅《はね》をうすい大きな紙にのりで貼《は》りつけ、安全かみそりの刃《は》で、黄色いもようのところだけをたんねんに切り出した。そしてそれを厚紙《あつがみ》に貼《は》っていって、実物と同じ形、同じ大きさの「まっ黄色のアゲハ」を作った。あの黄色いもようのところは、ただ黄色いばかりでなく、とても光沢《こうたく》があるので、この「黄色モデル」は、カラタチの生垣《いけがき》の前におくと、日光に輝《かがや》いて、予想どおりとてもよく目立った。

これならオスがジャンジャン飛んでくる。そう、ぼくらは期待して、さっきのべたようなぐあいに、ふつうのメスのモデルとかわりばんこに一〇分ずつ、黄色モデルを出して、オスを待った。

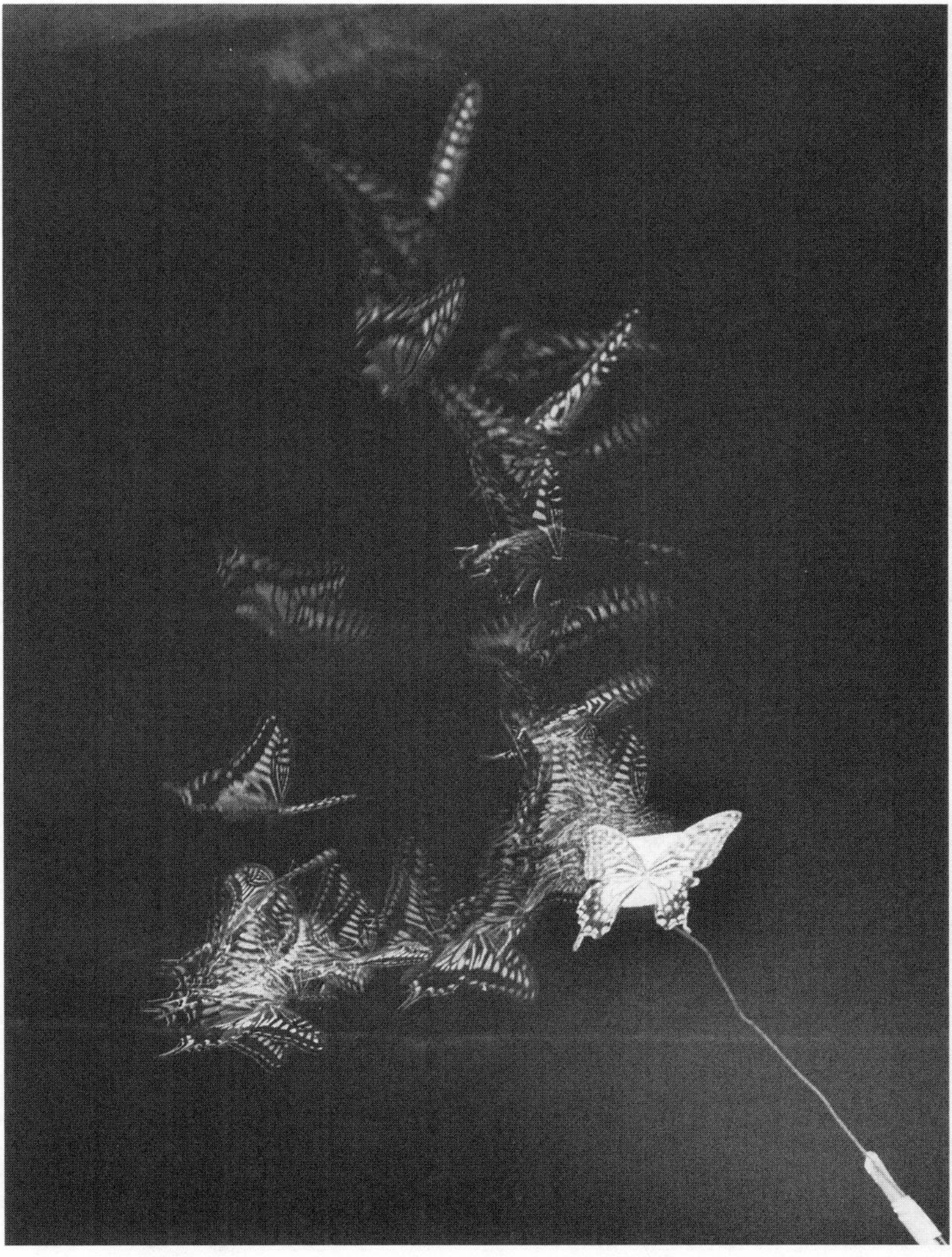

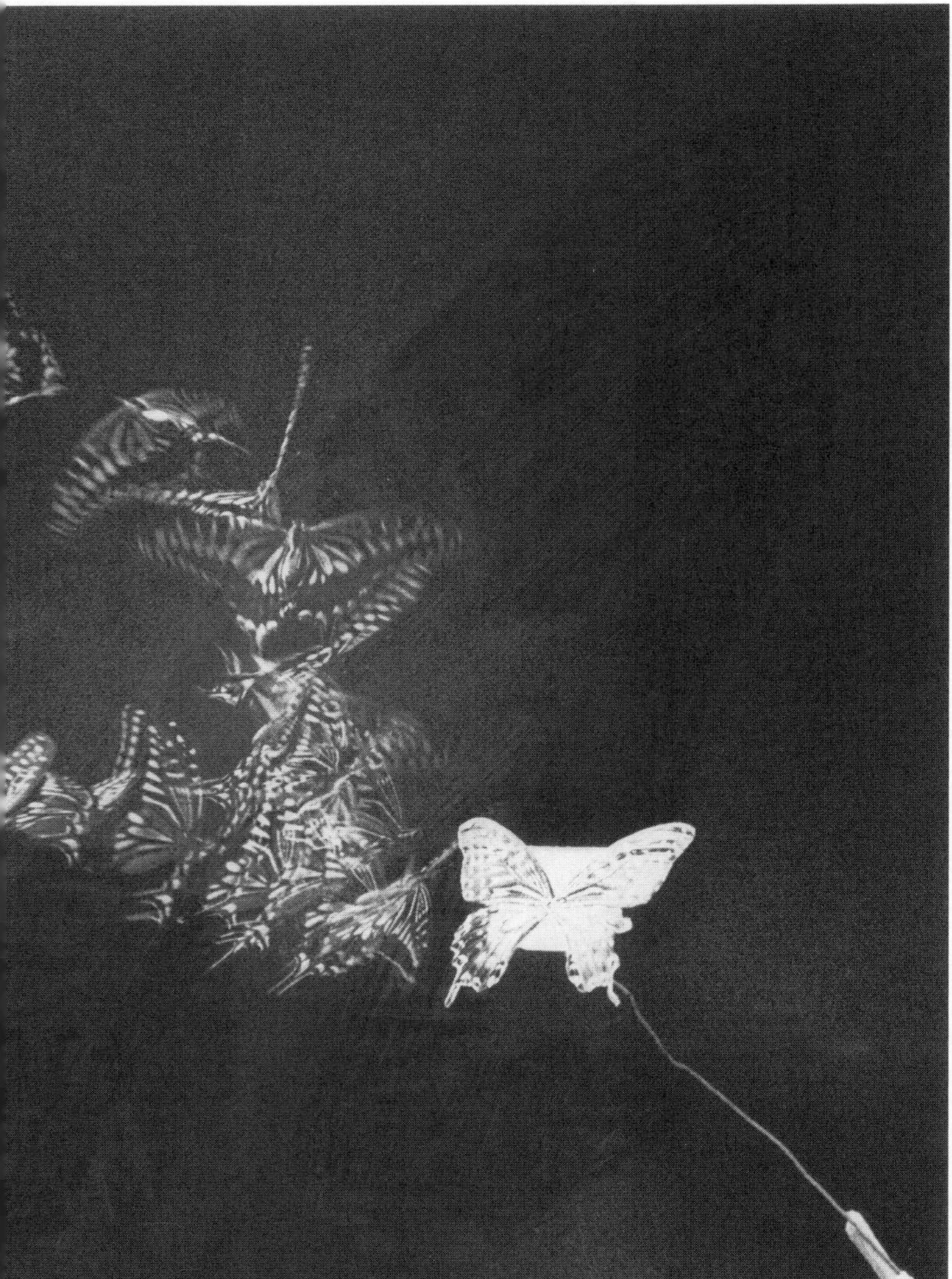

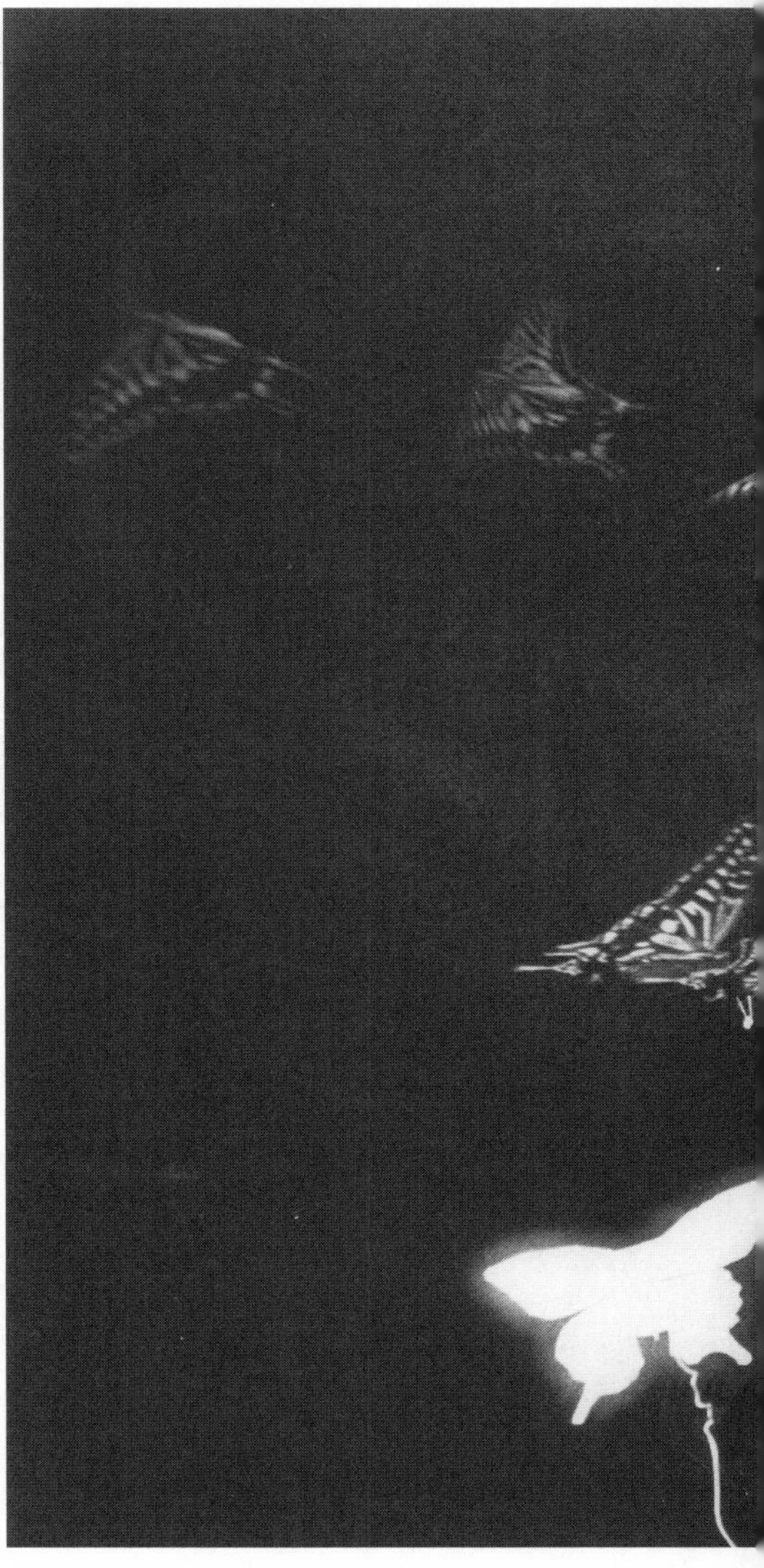

予想どおりだったのは、このモデルがとても目立つということだけだった。この実験《じっけん》の結果《けっか》は、まるで予想どおりではなかった。つまり、オスは、まったく、飛びついてこなかったのだ。

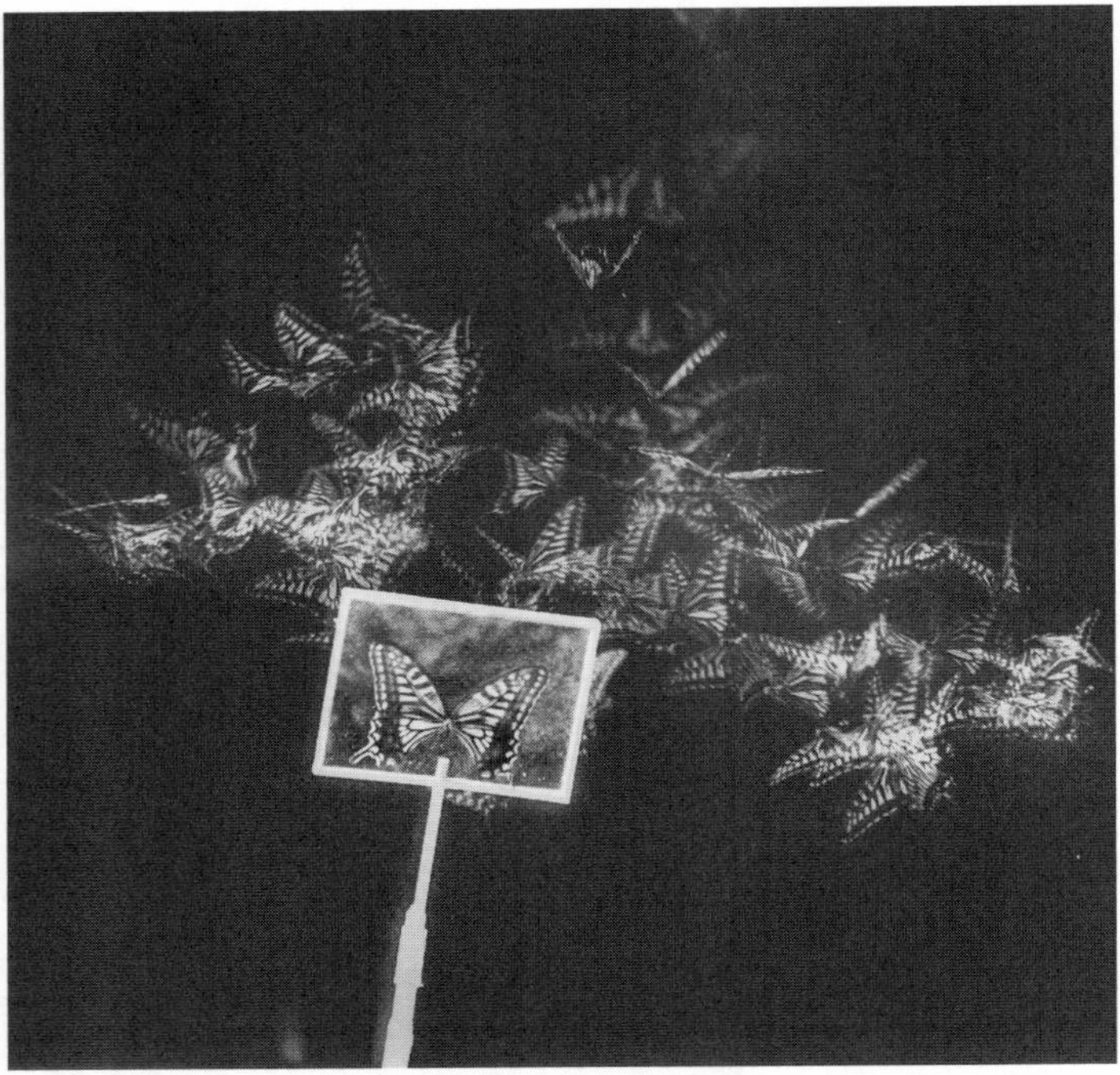

メスのアゲハチョウの翅《はね》には、アゲハチョウのオスがつぎつぎに飛《と》んできて、さわってゆく。113 ページの写真のように、モデルの後ろに黒い布《ぬの》のバックを立て、連続《れんぞく》写真をとってみると、彼《かれ》らがどんなふうに飛《と》んでくるかがよくわかる。まっ黄色のモデルはあっさり飛《と》びこし、ほんもののメスの翅《はね》を目ざす。この撮影《さつえい》のとき、おもしろいことに気がついた。黒いバックを立てると、それまではオスがつぎつぎとモデルへ飛《と》んできていたのに、急にやってこなくなってしまうのである。よく観察《かんさつ》してみると、近くまで飛《と》んできたオスは、黒いバックを見たとたん、ものすごくびっくりしたように方向をかえ、飛《と》び去ってしまうのである。暗いところを好《この》むクロアゲハは、黒いバックの前をゆうゆうと飛《と》んでいった。

アゲハチョウの生きたメス、あるいはメスの翅《はね》のモデルをおいておくと、それから約《やく》一メートル半以上《いじょう》はなれたところを通りすぎたオスは、メスに気づかずにいってしまう。けれど、たまたまそれ以内《いない》の距離《きょり》のところを通ったオスは、突然《とつぜん》に向きをかえて、一直線にメスのところへ飛んでくる。だから、この黄色モデルから一メートル以内《いない》のところを通ったオスは、当然《とうぜん》このモデルに気づくはずなのに、ほとんど知らん顔して飛び去ってしまう。このモデルには、オスをひきつける力がないのだ。

これはじつに意外なことだった。最初《さいしょ》の考えが正しかったなら、この黄色モデルは、マグヌス教授《きょうじゅ》のオレンジと黒のモデルと同じように、オスにとっては、ほんもののメスよりずっと魅力的《みりょくてき》なはずだったろうに……。

黄色いところばかりを切り出した残《のこ》りの翅《はね》を使って、ぼくらは黒いところばかりを集めた「黒色モデル」も作ってみた。アゲハチョウのメスの「黒い」部分は、集めてみると、それほどまっ黒ではない。むしろ褐色《かっしょく》をおびて見える。

この黒色モデルには、黄色モデルよりオスがよく飛んできた。けれど、ほんもののままのモデルよりは、オスをひきつける力がはるかに弱かった。

さて、これはどういうことだろう？　ほんもののままの黄と黒の縞《しま》もようの翅《はね》は、近く、

黄色モデルの逆《ぎゃく》に、黒いところだけを集めて黒色モデルも作った。

つまり半径《はんけい》一メートル以内《いない》*を通ったオスのほとんど全部をひきつける。ところが、その翅《はね》の黄色の部分と黒色の部分とを分けて、黄色だけ、または黒色だけにしてしまうと、ほとんど、オスをひきつけなくなってしまうのである。

「やっぱり縞《しま》もようだ！」ぼくらはさけんだ。

＊ 半径《はんけい》一メートル以内《いない》といっても、モデルは棒《ぼう》の先にとりつけられて地上から約《やく》一メートルの高さにある。モデルより下のほうを飛んだオスには、モデルのうら側《がわ》しか見えないので、じっさいにモデルに飛んでくる可能性《かのうせい》のあるのは、モデルをふくむ平面を底面《ていめん》とした、半径《はんけい》一メートルの半球の中を通ったオスだけである。このあとにでてくる実《じっ》験《けん》では、この半球の中を通ったオスの数を「通過《つうか》個体数《こたいすう》」とよぶことにする。

意外なことに、黄色モデルにオスはほとんどやってこなかった。そこで、アゲハチョウの翅《はね》の黒い“骨格《こっかく》”だけを残《のこ》したものを作り、これを黄色モデルにかぶせた。“イエロー・アンド・ブラック・モデル”ができたわけである。

それなら、もう一度、縞《しま》もようを作ってみよう。翅《はね》から黄色い部分を切って取りのぞき、黒い「骨《こっ》格《かく》」だけを残《のこ》した。そして、この「黒い骨格《こっかく》」をまっ黄色いモデルの上に、着せかえ人形のようにかぶせた。すると、骨格《こっかく》のすきまから黄色モデルが見えるので、ふたたび黄と黒の縞《しま》もようがあらわれた。

その「イエロー・アンド・ブラック・モデル」(やたらに英語《えいご》を使うなんて、ぼくもテレビの見過《みす》ぎかな?)は、みごとにオスをひきつけた。

ただ、このときぼくらは、ちょっとへんなことをしらべてみた。アゲハチョウの翅《はね》には中心部にたいへんはっきりした黄色の縞《しま》がある。けれど、前翅《まえばね》・後翅《うしろばね》とも、翅《はね》のへりのほうに小さな黄色のもようがならんでいる。チョウの翅《はね》のもようは、オスをひきつけるという点では無意味《むいみ》だというのなら、こんなショボショボしたもようなんか、あってもなくてもいいはずだ。けれど、黄と黒の縞《しま》に意味があるとすれば、こんな小さなもようだって、見過《みす》ごしてしまってはいけないかもしれない。

そこでぼくらは、二とおりの「着せかえ人形」を作ることにした。一つは、翅《はね》のへりにある小さな黄色のもようをそのまま残《のこ》し、中心部の大きな黄色のもようだけを切り去ったもの。もう一つは、へりの黄色のもようを黒いマジックでぬりつぶし、ほんとうに黒い骨格《こっかく》だけにしたもの。

この二種類《しゅるい》の「着物」を、黄色モデルに「着せて」みたが、このときには、あまりはっきりした差《さ》はみられなかった。たぶん、中心部の大きな黄色のもようが圧倒的《あっとうてき》な威力《いりょく》を発揮《はっき》したからだろう。

けれど、これにつづいてやってみた実験《じっけん》では、予想外のといってもよし、予想どおりのといってもよい結果《けっか》がでてきた。

その実験《じっけん》では、黒い骨格《こっかく》の着物を、いろいろな色の紙に着せてみたのである。まず赤。赤に着せると、着物とその赤い紙とで、赤と黒の縞《しま》もようができあがった。これは前のぬりつぶし実験《じっけん》のときと同じことで、オスはひきつけられないはずだった。

あとは、黒、緑、白、黄の色紙に着せた。もう一つ、なににも着せないで、着物だけというのもやってみた。黒い骨格《こっかく》のすきまから、地面がすけて見えるのである。

さて、結果《けっか》はどうなったか。

どれに着せたときも、着物だけを出したときも、へりの小さな黄色のもようを残《のこ》しておいた着物のときは、わずかながらオスが飛んできた。赤に着せたときにも、そうだった。赤と黒の縞《しま》にはオスはひきつけられないはずなのに、ちゃんとオスはやってきたのである。けれど、へりの黄色のもようを黒くぬりつぶした着物を着せたときは、赤、黒、黄、白、それから着物だけでは、オスは寄《よ》ってこなかった。ただ、緑に着せたときは、近くを通った通過個体数《つうかこたいすう》の五〇パーセント近くが、このモデルに飛んできた。そのうち、わずかなものは、モデルにさわっていきさえした。

緑の色紙は、もう一つの、へりの黄色のもようを残《のこ》しておいた着物を着せられたときにも、同じくらいよくオスをひきつけた。緑という色、あるいは、この実験《じっけん》に使った緑色は、なにか特別《とくべつ》な意味をもっているように思われた。だが、それがどういうことなのか、さっぱりわからなかった。

この緑色の問題はすごく気になった。けれど今までの経験《けいけん》から、ぼくには今この問題に深入りしても得《え》るところはないだろう、ということが、なんとなくわかっていた。研究を進めてゆけば、次々にいろいろな疑問《ぎもん》がでてくるにきまっている。それをいちいち厳密《げんみつ》に深追いしていったら、いつのまにか本筋《ほんすじ》を見失《みうしな》って、そもそも何を研究しようとしていたのかがわからなくなってしまう。そういうときに、あとからでてきた問題は、じっと横目でにらみながら、しばらくおあずけにしておくだけの、ゆとりというか、ずうずうしさが、研究を進めてゆくときには意外と大切なことがあるのだ。

と、まあ、こんなりくつをつけて、緑色の問題はひとまずわきへおき、本筋《ほんすじ》へもどることにした。本筋《ほんすじ》とは、いうまでもなく、黄と黒の縞《しま》もようのことである。

翅《はね》のへりにあるちっぽけな黄色のもようでも、かなりオスをひきつけるのだから、黒い地の上の黄色い縞《しま》というのは、よほど大事なものにちがいない。

翅《はね》の中心部にある大きな横向きの黄色でも、へりにある縦《たて》向きの黄色でもよいのなら、どういう縞《しま》ということではなくて、とにかく、なんでもよいから、黒い地に黄色のすじが何本か入っていればよいのかもしれない。

モンシロチョウのときだって、さいごはチョウの翅《はね》ではなく、それと同じような色をしている紙切れで十分だった。オスはその紙切れに飛んできてとまり、しきりに腹《はら》をまげて交尾《こうび》しようとしたのである。アゲハチョウだって、きっとそんなことになっているはずだ。

ストライプ・モデル

そう考えたら、珍妙《ちんみょう》なモデルが頭にうかんだ。さっそくそれを作ってみた。それを作るのはなんでもなかった。縦《たて》七センチ、横五センチのボール紙を、マジック・インキで黒くぬった。その上に、はじめのころの「黄色モデル」を作ったときの要領《ようりょう》で、メスのアゲハチョウの後翅《うしろばね》の中心部から切り出した黄色い斑紋《はんもん》を七つ、あるいは六つ、一二七ページの写真のように貼《は》りつけた。間隔《かんかく》は黄色い斑紋《はんもん》のいちばん広い部分の幅《はば》と同じ七ミリにした。べつに深い理由があったわけではない。いちばん単純《たんじゅん》に、黄色と黒色の幅《はば》を同じにしただけのことである。貼《は》りつけるにはボンドを使った。下の紙がマジックでぬってあるので、ふつうののりではくっつかないからだった。

さて、そのあくる日の朝、いよいよこの「ストライプ・モデル」を出してみた。オスたちはカラタチのあたりをさかんに飛びまわっている。彼《かれ》らが必死《ひっし》になってメスをさがしているのだということは、もう長年の経験《けいけん》でよくわかる。まず、いつものとおり、ほんもののメスの翅《はね》のモデルを出す。通過個体数《つうかこたいすう》のほとんど一〇〇パーセント近くがさっと近寄《ちかよ》って、さわってゆく。オスはやる気十分だ。

一〇分たった。いよいよストライプ・モデルの出番である。たちまちにしてオスが飛んできて、しばらくの間モデルにさわったのち、飛び去った。つづいて、また次のオスがやってきた。

みごとだった。これよりはずっとほんもののメスに近いはずの「着せかえ」モデル(イエロー・アンド・ブラック・モデル)より、このじつに不自然《ふしぜん》で、しかも珍妙《ちんみょう》なモデルのほうが、はるかによくオスをひきつけるのである。その晩《ばん》、ぼくらがビールを何本もあけて、祝杯《しゅくはい》をあげたことはいうまでもない。

その後、この実験《じっけん》を何回かくりかえした。いつも、オスはこのモデルに、じつによくひきつけられた。平均《へいきん》して、通過個体数《つうかこたいすう》の八〇パーセントが、モデルに飛んできた。そして、その約半分《やくはんぶん》のものが、モデルにさわっていった。ほんもののメスの翅《はね》にはもちろんおよばなかったけれど、これは満足《まんぞく》すべき結果《けっか》だった。

けれど、ほんとに縞《しま》になっていなくてはならないのだろうか？　黒い中に黄色いもよう

ストライプ・モデル

が一つあれば、それでよいのではないだろうか？　そんな疑《うたが》いも頭をもたげてきた。

それならというので、このストライプ・モデルの黄色いところを、もう一度ていねいにはがし、全部をまとめて、一つの大きな丸になるように貼《は》りなおした。つまり、黒い地の上に大きな丸い黄色いパッチがある、ちょうど日の丸の白と赤を逆《ぎゃく》にしたようなものを作ったのだ。ぼくらはこれを「パッチ・モデル」とよぶことにした。

このパッチ・モデルはまったくダメだった。たまたま近くを通ったオスも、大部分が知らん顔で通りすぎていってしまうのである。黄色い部分の総面積《そうめんせき》と、黒い部分の総面積《そうめんせき》は、ストライプ・モデルの場合とかわらない。けれど、黒い地に黄色のもようが一つあるだけでは、オスはひきつけられないのだ。やはり、黒と黄がかわるがわるにならんでいることが必要《ひつよう》であるらしい。

そこで、ぼくらはまた、べつのモデルを作ってみた。

メスの後翅《うしろばね》の中心部（中室《ちゅうしつ》とよばれるところ）を占《し》める大きな黄色いもようを、いつもの方法《ほうほう》で切り出す。そして、それを三つの小さい丸に切りわける。丸の直径《ちょっけい》は四ミリとした。この黄色いもようはいちばん広いところでは幅《はば》七ミリあるが、同じ大きさの丸を三つ切りとろうとすると、その直径《ちょっけい》は四ミリになるのである。

パッチ・モデル

話はちょっとややこしくなるが、一三二ページの写真をみてもらえば、すぐわかるだろう。マジック・インキで黒くぬった縦《たて》七センチ、横五センチのボール紙の上に、この三つの丸のうち二つを横にならべて貼《は》る。丸と丸の間隔《かんかく》は四ミリである。その下に、七ミリはなして、また丸を二つ貼《は》る。これをくりかえして、縦《たて》に七つの黄色い丸が二列にならんだモデルができあがった。このモデルは、黄色い点々(スポット)がならんでいるので、「スポット・モデル」とよぶことになった。

なぜこんなモデルを作ったかというと、要《よう》するに、前のストライプ・モデルとちがう形で、しかも黄色と黒がかわりばんこにならんでいるものを作りたかったからである。なぜ丸い点々にしたかといえば、アゲハチョウの翅《はね》には、丸い黄色のもようが一つもないからである。

ストライプ・モデルで成功《せいこう》したのち、ぼくらはあらためてアゲハチョウの翅《はね》をながめてみた。おどろいたことに、翅《はね》にある黄色いもようは、全部「すじ」になっていた。黄色い丸とか四角とかのもようは一つもない。縦《たて》、横、ななめ——方向はまちまちだが、黄色のもようは、すべて細長いすじなのである。

ぼくらは今、アゲハチョウでオスをひきつけるのは、たんなる翅《はね》の色ではなく、翅《はね》のようなのだ、翅《はね》のもように意味があるのだ、ということを証明《しょうめい》しようとしている。それなら、アゲハチョウの翅《はね》に丸いもようが一つもないということは、同じ黄色でも丸ではダメなのだ、ということかもしれない。そこで、ほんもののアゲハチョウの翅《はね》には存在《そんざい》していない丸いもようを作ったのである。

さて、ほんものとはまったくかけはなれた丸い点々のならんだ、このスポット・モデルを出してみた。オスはまったく飛んでこなかった。さっきのパッチ・モデルのときと同じ

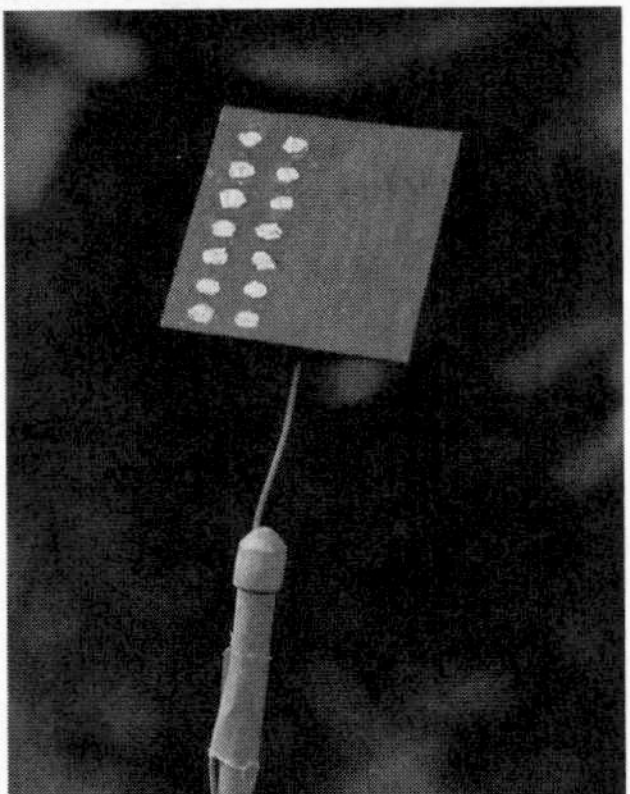

スポット・モデル。オスはこのモデルの近くを通りかかっても、
知らん顔でいってしまった。

ように、オスはこのモデルにはまるきり関心《かんしん》を示《しめ》さず、平気でそばを通りすぎていってしまったのである。

黄色と黒色がちゃんとかわりばんこにならんでいるのに、このスポット・モデルは、オスをひきつけることがなかった。やはり丸ではダメなのだ。では、この丸をすじにしてやろう。

横にならんだ二つの丸の間に、もう一つの丸を貼《は》りつける。丸の間隔《かんかく》は、あらかじめこのことを考えて四ミリにしてあったから、三つ目の丸を貼《は》りこむと、三つの丸はつづいてしまって、すこしギザギザはあるけれど、いちおう一本の横すじになる。七段《だん》の丸を全部こうやって、すじにかえると、ギザギザした黄色いすじが七つならんだ、ストライプ・モデルに近いモデルができた。

この「スポット＝ストライプ・モデル」は、みごとにオスをひきつけた。ほんもののストライプ・モデルはもちろん、ほんとのメスの翅《はね》には、はるかにおよばなかったとはいえ、近くを通ったオスの約《やく》五〇パーセントがひきつけられて飛んできた。そして、一〇パーセントはモデルにさわっていきさえした。やはり、「縞《しま》もよう」でなくてはダメなのである！

スポット・モデルにもう一つずつスポットをおぎなって作った“スポット＝ストライプ・モデル”。これにはかなりよくオスが飛《と》んできた。

かぎになる刺激《しげき》はなにか

ぼくらはもう一度、はじめのストライプ・モデルで実験《じっけん》をやってみた。このときも大成《だいせい》功《こう》であった。けれど、前の実験《じっけん》のときと同じように、近くを通ったオスの八〇パーセントが飛んでくるにすぎなかった。ほんもののメスの翅《はね》なら、ほとんど一〇〇パーセントのオスが、さっと飛んでくる。そして、ほとんどそのすべてがメスの翅《はね》にさわってゆく。このちがいはなんによるのだろう？

どうせ、ぼくらの作ったのはモデルである。それも、メスの翅《はね》のもつ性質《せいしつ》の中から、重要《じゅうよう》だと思われるものをぬきだして作った抽象的《ちゅうしょうてき》なモデルである。ストライプ・モデルは、ちょっと見たところ、ほんもののメスの翅《はね》にはぜんぜん似《に》ていない。だから、オスをひきつける力がほんもののメスの翅《はね》に劣《おと》るのも、あたりまえではないか。そう思って、あきらめてしまうこともできる。

けれど、メスの翅《はね》の色、形、大きさのすべてが、オスをひきつけるのに必要《ひつよう》なわけではない。

イギリスのティンバーゲンという人は、もともとはオランダ人で、のちオックスフォード大学の教授《きょうじゅ》になり、一九七三年、動物の行動の研究でノーベル賞《しょう》を受けた動物行動学《どうぶつこうどうがく》の創始者《そうししゃ》の一人である。彼《かれ》の研究はたくさんあるが、トゲウオ(イトヨ)の研究がいちばんよく知られている。

イトヨは春になると、海から川へのぼってくる。やがて、イトヨのオスは、上流の細い流れになわばりを作って、巣《す》づくりをはじめる。そのころのオスはたいへん攻撃的《こうげきてき》で、仲《なか》間《ま》のオスがなわばりに入ってくると、はげしく攻撃《こうげき》して追いはらってしまう。けれど、他の魚が入ってきても、だまって見すごすし、また同じ仲間《なかま》のイトヨでも、メスに対しては攻撃《こうげき》をしかけない。

つまり、イトヨのオスは、自分と同じ種《しゅ》であるイトヨのオスだけを、他のものから、はっきり見わけているのである。それは、イトヨのオスがこの時期にたいへんめだつ色をしていることによるらしい。背《せ》は青く、腹《はら》は赤く、目はエメラルド色に輝《かがや》いている。オスのこのきらびやかな姿《すがた》が、ほかのオスの攻撃目標《こうげきもくひょう》になるのだろう。

ところが、イトヨのオスは、相手のオスのこのような姿《すがた》ぜんたいを見ているのではない。彼《かれ》は相手のオスの腹《はら》の赤い色だけを見ているのだ。いろいろなモデルを使った有名な実験《じっけん》が示《しめ》すとおり、ぜんたいの形や色とは関係《かんけい》なく、とにかく腹《はら》の赤いモデルは、すべてオスのはげしい攻撃《こうげき》をひきおこす。

いや、「腹《はら》」が赤くなくてもいい。「赤い」ものならなんでもいいのだ。オスはそれをめがけて、つっかかってゆく。あるときティンバーゲンは、実験室《じっけんしつ》にならんだイトヨの水槽《すいそう》をながめていた。とつぜん、彼《かれ》は、すべての水槽《すいそう》の中のオスが、道に面した窓《まど》のほうへ向かって、いっせいに、はげしくつっかかってゆくのを見た。何ごとがおこったのだろう？　彼《かれ》は窓《まど》のほうを見た。外の道を赤い郵便車《ゆうびんしゃ》が走っていた。

つまり、たいていの動物の場合、行動をひきおこすきっかけとなるのは、相手の姿《すがた》ぜんたいではないのである。その中のごく一部の特長《とくちょう》が、いわゆる「かぎ刺激《しげき》」となっていて、それが行動をひきおこすのだ。

ぼくらが今研究しているアゲハチョウの配偶行動《はいぐうこうどう》*の場合にも、メスの姿《すがた》ぜんたいが問題なのではない。メスの触角《しょっかく》、肢《あし》、胴体《どうたい》などは、すくなくともオスを最初《さいしょ》にひきつけるうえでは、まったくといってよいほど、必要《ひつよう》がない。翅《はね》は大切だが、あの翅《はね》ぜんたいの形は関《かん》係《けい》がない。かぎ刺激《しげき》は「黄と黒の縞《しま》がある」ということなのだ。それは、これまでの実験《じっけん》で、もう明らかになったといってよいだろう。

＊動物のオス・メスがたがいに相手をみつけ、交尾《こうび》するまでの行動を全部ひっくるめて「配偶行《はいぐうこう》動《どう》」という。たんにセックスをするのは「交尾《こうび》行動《こうどう》」で、配偶行動《はいぐうこうどう》の一部にすぎない。

けれど、ぼくらのモデルの誘引力《ゆういんりょく》がメスの翅《はね》にかなり劣《おと》るということは、そのかぎ刺激《しげき》がどんなものか、ぼくらがまだ理解《りかい》しきっていないからではないだろうか？　そこがやはり気になるのだ。

もしかすると、黄色と黒色の縞《しま》の幅《はば》が問題なのかもしれない。最初《さいしょ》のストライプ・モデルでは、黄色と黄色の間隔《かんかく》、つまり黒いところの幅《はば》は七ミリであった（「ストライプ＝七・モデル」）。ためしにこれを二倍にしたら、どうなるだろう？

黄色と黄色の間隔《かんかく》を一四ミリあけた「ストライプ＝一四・モデル」は、オスをひきつける力がぐっと低《ひく》かった。飛んでくるのは近くを通ったオスの三〇パーセントにすぎない。間隔《かんかく》をさらに広げ、最初《さいしょ》の三倍の二一ミリにした「ストライプ＝二一・モデル」では、もはや、それにひきつけられるオスはなくなってしまった。

ただし、こうやって間隔《かんかく》を広げてゆくと、縦《たて》七センチの黒い紙の上にある黄色いすじの数がへってしまう。ストライプ＝七のときは七本あった黄色いすじが、ストライプ＝一四では四本に、そしてストライプ＝二一では三本になってしまう。もし、黒い地の上に黄色いすじが何本以上《いじょう》なければならない、ということになっているのだったら、どうしよう？

そこで、うんと縦長《たてなが》のボール紙を切り、それをマジック・インキで黒くぬって、メスの翅《はね》から切り出した黄色いもようを、二一ミリおきに七つ貼《は》りつけた。こうすれば、黒い地

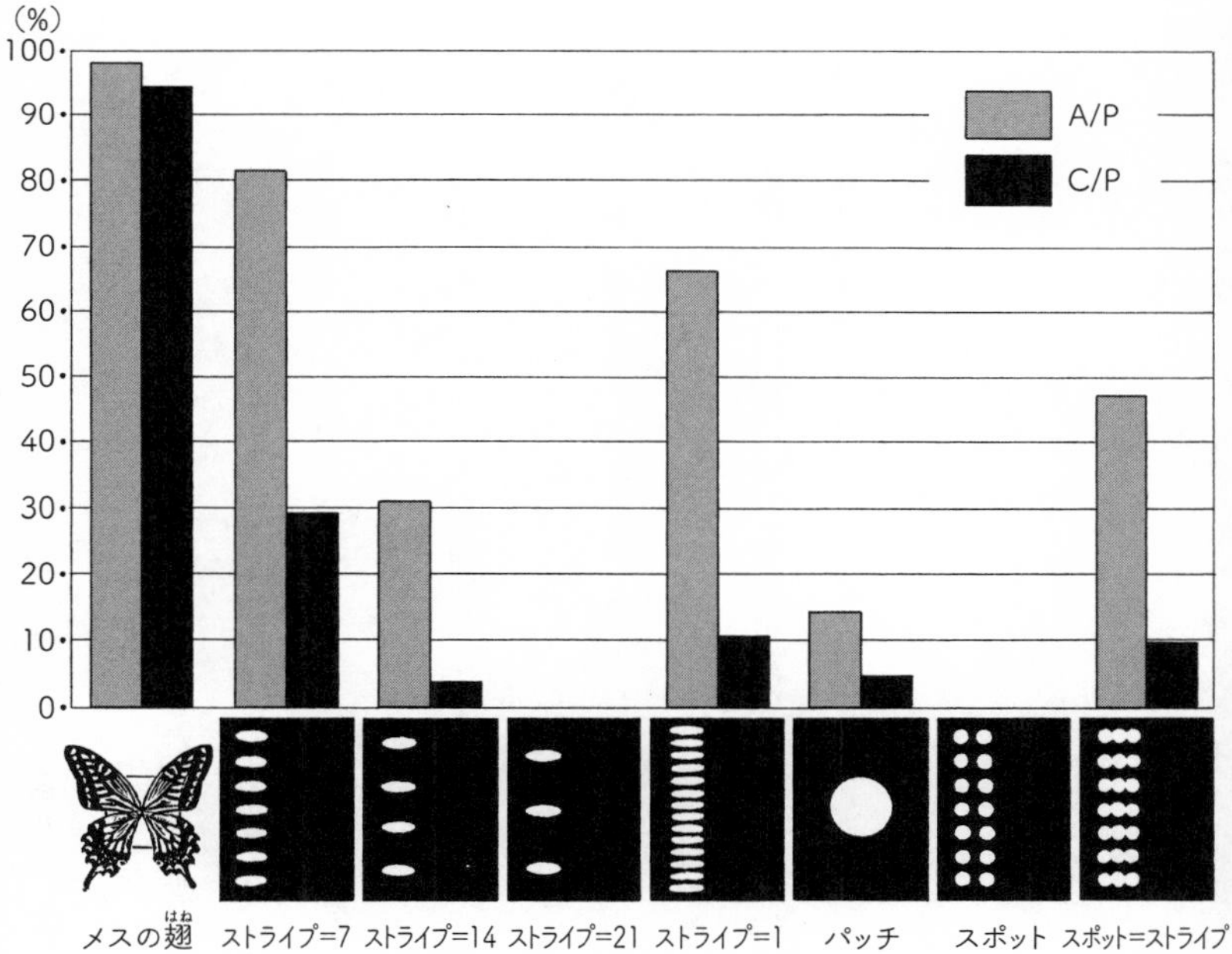

いろいろなモデルの誘引効果《ゆういんこうか》。ほんもののメスの翅《はね》には、通過個体《つうかこたい》（オス）のほとんどすべてが近寄《ちかよ》り、しかもさわってゆく。ストライプ＝7・モデル（間隔《かんかく》7 mm）には、80％が近寄《ちかよ》ってくるが、さわってゆくものは30％ていどである。黄色のストライプの間隔《かんかく》を広げてゆくと、誘引効果《ゆういんこうか》は低《ひく》くなるが、逆《ぎゃく》に間隔《かんかく》を1 mmにちぢめても、効果《こうか》が高まるわけではない。パッチ・モデルはほとんど誘引効果《ゆういんこうか》がなく、スポット・モデルもダメだった。けれど、スポット＝ストライプ・モデルは、通過個体《つうかこたい》の50％近くを誘引《ゆういん》した。A/Pは接近個体数《せっきんこたいすう》/通過個体数《つうかこたいすう》、C/Pは接触個体数《せっしょくこたいすう》/通過個体《つうかこたい》数《すう》、の意味で（Aは接近《せっきん》（Approach）、Pは通過《つうか》（Passage）、Cは接触《せっしょく》（Contact）のそれぞれ頭文字《かしらもじ》）、それぞれ通過個体《つうかこたい》（オス）のうち、何パーセントがモデルに近寄《ちかよ》ったか、近寄《ちかよ》ってさわっていったかを示《しめ》す。通過個体数《つうかこたいすう》については120ページの注参照《ちゅうさんしょう》。

の上にある黄色いすじの数は、ストライプ＝七・モデルのときと同じく、七本である。

だが、このモデルにもオスはやってこなかった。数も問題なのであろうが、やはり間隔《かんかく》のほうが大切であるらしい。じっさい、ほんもののメスの翅《はね》では、黒いところの幅《はば》はごくせまく、中心部では一ミリくらいしかない。

では、というので、新しく「ストライプ＝一・モデル」を作った。黄色と黄色の間隔《かんかく》が一ミリしかあいていないモデルである。黄色のすじの数は関係《かんけい》がないらしいので、七つに固執《こしつ》することなく、縦《たて》七センチの台紙に貼《は》れるだけ貼《は》った。

けれど、黒い部分の幅《はば》からいうと、ずっとほんもののメスの翅《はね》に近いこのモデルも、とくによくオスを誘引《ゆういん》したわけではなかった。ぼくらがなかば、あ、て、ず、っ、ぽ、うに作ったストライプ＝七・モデルは、縞《しま》の幅《はば》とか数とかいう点では、偶然《ぐうぜん》にも、ほとんど最高《さいこう》に近いできばえだったようである。

III 色とにおいの意味

オスとメスの区別《くべつ》はどうしてつけるのだろう

アゲハチョウの「ストライプ＝七・モデル」が、なぜほんもののメスの翅《はね》に劣《おと》っていたかは、そのあとの実験《じっけん》でわかってきた。それはこのモデルの改良《かいりょう》を一時見合わせて、その先に進んだときにわかったことであった。

これまでやってきたのは、オスがどのようなものに寄《よ》ってくるかという問題だった。つまり、メスをさがして飛《と》びまわっているオスは、メスでもオスでもよい、とにかくアゲハチョウの翅《はね》をみつけると、さっとそれに近寄《ちかよ》ってゆく。そして前肢《まえあし》でそれにふれる。そのとき、相手がメスであるか、オスであるかが判別《はんべつ》される。もしオスだったら、飛んできたオスはただちに飛び去るが、メスだったら、オスは腹《はら》をまげて交尾《こうび》行動《こうどう》に移《うつ》る。

これまでは、この第一の段階《だんかい》、すなわちオスはどんなものに飛んでくるのかをしらべていたわけである。それが黄と黒の縞《しま》もようであることは、まず確実《かくじつ》にわかった。オスはそのようなモデルにはすぐ近寄《ちかよ》ってきて、そのうえ、ほんもののチョウに対するのと同じように、肢《あし》でさわってみる。

けれど、それでおしまいである。たとえそのモデルがメスの翅《はね》から切りだした黄色い斑《はん》紋《もん》で作ったものであっても、オスはまもなく飛び去ってしまう。しばらくの間モデルにふれて、しきりとしらべているオスもあるし、ちょっとふれては離《はな》れ、また近寄《ちかよ》ってさわり、また離《はな》れる、ということを、しつこくくりかえすオスもたくさんいる。だが、腹《はら》をまげてモデルと交尾《こうび》しようとするものは、一ぴきもいなかった。

この点は、モンシロチョウの場合とは、まったくちがっていた。モンシロチョウのときには、紫外線《しがいせん》を適当《てきとう》に反射《はんしゃ》する黄色い紙のモデルをキャベツ畑に立てておくと、オスのモンシロチョウがつぎつぎにやってくる。そしてモデルにとまり、腹《はら》をまげてしきりに交尾《こうび》しようとした。

つまり、モンシロチョウでは、一定の色の刺激《しげき》がありさえすれば、近寄《ちかよ》る、とまる、腹《はら》をまげる、というオスの配偶行動《はいぐうこうどう》が、全部ひきおこされたのだ。

ところが、アゲハチョウの場合には、縞《しま》もようという刺激《しげき》が、オスの接近《せっきん》と接触《せっしょく》という行動をひきおこす。けれど、この刺激《しげき》は、その先の行動をひきおこすことはない。

それは考えてみれば当然《とうぜん》のことである。モンシロチョウははじめから視覚的《しかくてき》に相手がオスかメスかを見わけている。というより、オスはほとんど目に入らず、メスだけがみつかる。だから、相手が目に入って、それにひきつけられてそこへ飛んでいったら、すぐ交尾《こうび》行動《こうどう》に移《うつ》ってかまわないわけだ。なぜなら、その相手はまず十中八九は自分と同じ種《しゅ》のメスであるはずだからである。

けれど、アゲハチョウでは話がちがう。オスはオスにでもメスにでもいちおう近寄《ちかよ》ってみる。アゲハチョウのオスとメスの翅《はね》の色もようは、たいへん似《に》かよっていて、そうかんたんには区別《くべつ》はつかない。紫外線《しがいせん》だけ通すフィルターで写真にとってみても、モンシロチョウのときのような、はっきりしたちがいはない。ぼくらの目だけでなく、チョウの目から見ても、オス・メスは見ただけでは区別《くべつ》できないのだろう。

すると、近寄《ちかよ》って、相手にさわってみて、そこではじめて相手のオス・メスを区別《くべつ》するよりしかたがない。だが、その区別《くべつ》はどうやってつけるのだろう？

目で見ては区別《くべつ》がつかないのだから、それはにおいによるものと考えられる。オスとメスでは、きっと体のにおいがちがうのだろう。だが、ぼくらのいう、ふつうのにおいだったら、近くまでくれば、さわってみなくたってわかる。高い香《かお》りをはなっているリンゴが部屋のすみにおいてあれば、すこし近づいてみるだけで、すぐに「ああ、リンゴだな。」

ということがわかる。さわってみたって、においなんてわかりはしない。けれど、アゲハチョウはわざわざさわってみる。さわってみなくてはわからないらしいのだ。

こんな実験《じっけん》をやってみたことがある。殺《ころ》したばかりのアゲハチョウのオスの翅《はね》の下へ、やはり殺《ころ》したばかりのメスの翅《はね》をかくしておく。もし、ふつうのにおいなら、オスの翅《はね》の下から、メスの翅《はね》のにおいがしてもよいはずである。まもなく、近くを通ったオスが、このオスの翅《はね》にひかれてやってくる(何度もいったとおり、オスはオスの翅《はね》にもいちおうは近寄《ちかよ》ってみるのだ)。そして前肢《まえあし》でオスの翅《はね》にちょっとさわり、それからすぐ飛び去ってしまう。

ただし、メスの翅《はね》のかくしかたがまずくて、ちょうど平清盛《たいらのきよもり》の衣《ころも》の下からよろいが見えたように、オスの翅《はね》の間からメスの翅《はね》の一部がはみだしていたりすると、ちがったことがおこる。飛んできて、たまたまメスの翅《はね》のこのはみだした部分にさわったオスは、さっそく腹《はら》をまげて、交尾《こうび》行動《こうどう》をはじめるのだ。

けれど、そんなことがなければ、オスは下にメスの翅《はね》がかくされていることに気づかない。やはり、さわってみなければわからないのである。

メスの翅《はね》やモデルに近寄《ちかよ》ってきたオスは、飛《と》びながら前肢《まえあし》をさしだして、翅《はね》やモデルにさわる。

こういう感覚《かんかく》は、ぼくらにはよく理解《りかい》できない。手でさわって、においがわかるとは！　しいて似《に》たようなことを探《さが》してみれば、あまり香《かお》りのしない花でも、うんと鼻を近づけてかげば、かすかににおいがわかる、というような場合だろうか？　あるいは、不親切《ふしんせつ》な食堂《しょくどう》では、ソースとしょうゆが同じ形のびんに入っている。見ただけではどっちだかわからない。そこでたいていの人は、びんの口を鼻先へもってきてかいでみる。どうもあまり感じのいいことではないが、要《よう》するにあれだ。ただ、多くの昆虫《こんちゅう》では、肢《あし》の先にも、人間の鼻

と同じように、においのわかる感覚器官《かんかくきかん》があるので、肢《あし》の先でさわれば、かすかなにおいもかげるのだ。

さわってにおいをかぐ、このような感覚《かんかく》を「接触化学覚《せっしょくかがくかく》」という。これに対して、ぼくらのように、空気中をただよってくるにおいをかぐ感覚《かんかく》を「嗅覚《きゅうかく》」という。嗅覚《きゅうかく》は遠距離《えんきょり》感覚《かんかく》だ。においは遠くからでもわかる。台所で魚を焼《や》くと、きゅうにどこからかハエが飛びこんできたり、林の中に入るとカが集まってきたりするのは、みな嗅覚《きゅうかく》によるものである。

昆虫《こんちゅう》の嗅覚器官《きゅうかくきかん》は触角《しょっかく》にある。ゴキブリなどのように、夜、暗いところで活動する虫は、たいていは長い触角《しょっかく》をもっていて、それであたりのにおいをかぎわけ、食物をさがしだす。

それに対して、接触化学覚《せっしょくかがくかく》は近距離《きんきょり》感覚《かんかく》である。近距離《きんきょり》も近距離《きんきょり》、大げさにいえば距離《きょり》ゼロミリ、つまり、ぴたりとそのものにふれなければ、においがわからない。これはたいへん不便《ふべん》そうだが、小さい虫にとってはそうでもない。いや、むしろ便利《べんり》なのだ。まわりのにおいと関係《かんけい》なく、さわったその場所のにおいだけが、きちんと、わかるからである。

昆虫《こんちゅう》の接触化学覚《せっしょくかがくかく》の器官《きかん》は、触角《しょっかく》の先端部《せんたんぶ》や肢《あし》の先、それから口のまわりに生えたひげにある。残念《ざんねん》ながら、ぼくら人間には接触化学覚《せっしょくかがくかく》というべき感覚《かんかく》もないし、その感覚器官《かんかくきかん》もない。

けれど昆虫《こんちゅう》では、接触化学覚《せっしょくかがくかく》がひじょうによく発達《はったつ》している。ハチやゴキブリは、たえず触角《しょっかく》の先で、ものをたたきながら歩きまわっている。あれは、まわりのものを、接触化《せっしょくか》学覚《がくかく》でたしかめながら歩いているのである。

接触化学覚《せっしょくかがくかく》は配偶行動《はいぐうこうどう》のときにも大切な役割《やくわり》をはたす。たとえば、前にいったマグヌス教授《きょうじゅ》の研究によると、ミドリヒョウモンのオスは、飛んでいるメスを強制着陸《きょうせいちゃくりく》させると、すぐそのわきに舞《ま》いおりて、触角《しょっかく》の先でメスの体にさわる。これで、相手が自分と同じ種《しゅ》（つまりミドリヒョウモン）か、それとも別《べつ》の種《しゅ》のヒョウモンチョウかを知るのだそうだ。

というのは、ヒョウモンチョウにはいくつかの種《しゅ》があるのだが、見たところはみんなよく似《に》ていて、その区別《くべつ》はむずかしい。しかも、飛んでいるときは、どれも同じようにオレンジと黒のチカチカを発するので、オスはどの種《しゅ》のメスであるかがわかるまえに、とにかく追いかけてゆくことになる。そして、とにかく一度強制着陸《きょうせいちゃくりく》させてから、触角《しょっかく》でふれ、接触化学覚《せっしょくかがくかく》によって種《しゅ》の識別《しきべつ》をするのだ。もちろん相手が自分とちがう種《しゅ》だったら、オスはさっさと飛び去ってしまう。

だが、このときには、相手が自分と同じ種《しゅ》であるかどうかを判定《はんてい》するのである。アゲハチョウのように、オスかメスかを判定《はんてい》する必要《ひつよう》はない。なぜかというと、メスを追いかけてゆくときのヒョウモンチョウのオスは、一風かわった飛びかたをする。メスの下側《したがわ》へまわりこみ、メスの鼻先をすりぬけて舞《ま》いあがり、また下へまわりこむのだ。オスもメスとほとんど同じ色をしているから、オスがほかのオスに追いかけられることがある。けれど、こんなへんな追われかたをすると、追いかけられたオスはさっさとわきへ逃《に》げてしまう。だから、しばらくオスに追いかけられたのち、強制着陸《きょうせいちゃくりく》させられたヒョウモンチョウは、どの種《しゅ》であるかはわからないけれど、必ずメスであることはたしかなのだ。

配偶行動《はいぐうこうどう》のさいごの確認《かくにん》が、接触化学覚《せっしょくかがくかく》によっておこなわれている例《れい》は、じつにたくさん知られている。

たとえば、セセリチョウというチョウの仲間《なかま》がある。夏のおわりから秋にかけて、ネギの花(ネギぼうず)やニラの花、あるいは田のあぜや道ばたなどにうす紫《むらさき》の美しい穂《ほ》のような花を咲《さ》かせるツルボの花に、たくさんむらがってミツを吸《す》っているイチモンジセセリとか、チャバネセセリ、オオチャバネセセリ、あるいは春から夏にかけて山にたくさんいるキマダラセセリなどの仲間《なかま》である。この仲間《なかま》のチョウはみな小さく、翅《はね》の色や、もようも、よく似《に》ていて、かんたんには見わけがつかない。

そこで、これらセセリチョウのオスは、メスの色と似《に》た茶色っぽいものを目でみつけ、それを追いかける。相手が草の葉などにとまると、自分もすぐそのうしろにとまり、触角《しょっかく》をさしのべて、相手の体にさわる。相手が自分と同じ種《しゅ》でなかったら、まもなく飛び去ってしまう。

街路樹《がいろじゅ》を食《く》い荒《あ》らすというので、撲滅《ぼくめつ》のポスターまで貼《は》られて、何かと目のかたきにされているアメリカシロヒトリもそうだ。

セセリチョウの一種《しゅ》、オオチャバネセセリ

サクラの葉のうらにとまっているアメリカシロヒトリのメス。夜明けごろ、腹《はら》の先から性《せい》フェロモンを放出し、そのにおいでオスをひきつける。

アメリカシロヒトリは夜行性《やこうせい》のガなので、メスがオスをひきつけるにおいを放ち、それにひかれて近寄《ちかよ》ってきたオスは、メスの姿《すがた》を目でさがしだして、メスに飛びつく。そのとき、触角《しょっかく》でメスの体にさわって、さいごの確認《かくにん》をする。オスの触角《しょっかく》の先を切っておくと、この確認《かくにん》ができないためだろう、交尾《こうび》にいたらない。

他の人々が研究したチョウやガについても、同じようなことが見られている。

ぼくらのアゲハチョウの場合にも、オスは相手にいったんさわって、それで見わけをしていると考えるほかあるまい。そしてその見わけは、やはり接触化学覚《せっしょくかがくかく》によるものなのだろう。

ただし、ヒョウモンチョウその他のときは、みな触角《しょっかく》でさわるのだが、アゲハチョウは、肢《あし》の先でさわっていて、触角《しょっかく》で相手にさわることはないようである。ハエだとか、その他多くの昆虫《こんちゅう》では、肢《あし》の先に接触化学覚《せっしょくかがくかく》の感覚器官《かんかくきかん》(受容器《じゅようき》＊)のあることが知られている。肢《あし》の先にこのような受容器《じゅようき》のあることは、昆虫《こんちゅう》では、きわめてふつうのことなのだ。

＊たとえば、ぼくらの目は、見るための感覚器官《かんかくきかん》で、外界からの光を受けとって像《ぞう》をむすぶカメラのような構造《こうぞう》をしている。けれど、何かが見えるという「感覚《かんかく》」そのものは目でおこるわけではない。目で受けとられた刺激《しげき》が神経《しんけい》の興奮《こうふん》に変《か》えられ、それが脳《のう》に到着《とうちゃく》してはじめて、見えるという感覚《かんかく》が生じる。だから、目を感覚器官《かんかくきかん》というのは、あまり正確《せいかく》ないいかたではない。そこでふつうは、目、耳、そのほかのいわゆる感覚器官《かんかくきかん》のことを、「刺激《しげき》を受けとる器官《きかん》」という意味で、受容器官《じゅようきかん》または受容器《じゅようき》とよぶ。

だから、アゲハチョウも肢《あし》の先にそのような受容器《じゅようき》をもっていて、それで相手の見わけをするのだと想像《そうぞう》しても、まちがいはなかろう。——ぼくらはそう考えた。

オスがさわってかぐにおいは、メスの体の表面のにおいにちがいない。体の表面といっても、胴体《どうたい》はこの段階《だんかい》では関係《かんけい》がない（じっさいに交尾器《こうびき》をメスの交尾器《こうびき》にさしこんで交《こう》尾《び》する段階《だんかい》では、もちろん胴体《どうたい》がなければだめである）。だから、そのにおいは翅《はね》の表面のにおいであるはずだ。

きっとオスには、メス独特《どくとく》のこのにおいがないのだろう。そして、メスでも、死んでからからになったときには、翅《はね》のこのにおいがなくなってしまっているのだろう。ぼくらはそんなふうに考えたのである。

しかし実験《じっけん》は思ったよりはるかにむずかしく、とりあえずあきらめることにした。

けれど、その後この実験《じっけん》をはじめてみたら、今までのよりずっとよくオスをひきつけるストライプ・モデルができあがったのである。それはこんないきさつだった。

とにかく、今いった翅《はね》のにおいがどのようなものかを知るために、殺《ころ》したばかりのメスの翅《はね》を、エーテルとかヘキサンのような薬品につけ、問題のにおい物質《ぶっしつ》（においのもとになる物質《ぶっしつ》）を抽出《ちゅうしゅつ》してみようということになった。

昆虫《こんちゅう》の体にあるにおい物質《ぶっしつ》の抽出《ちゅうしゅつ》には、エーテル、ヘキサン、メチレンクロライド（塩《えん》

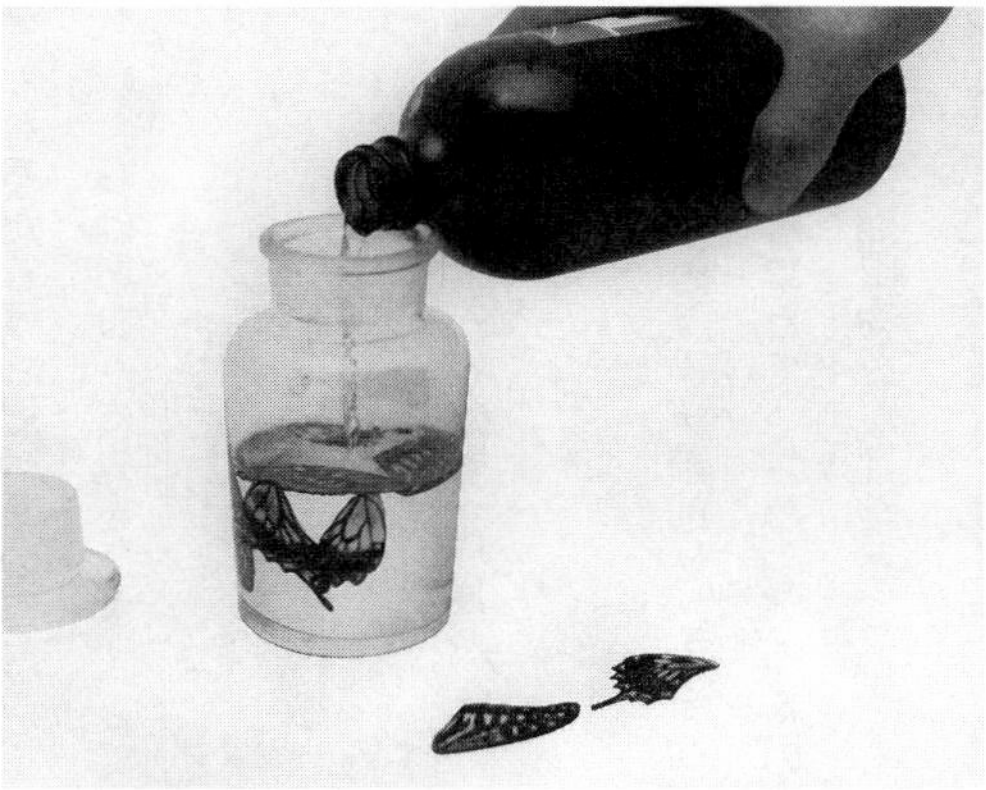

メスの翅《はね》には何かとくべつな“におい”があるにちがいない。ぼくらはそれを抽出《ちゅうしゅつ》してみることにした。

化《か》メチレンまたはジクロルメタンともいう)というような薬品がよく使われる。京都大学の石井《いしい》象二郎《しょうじろう》教授《きょうじゅ》の研究室では、いろいろな昆虫《こんちゅう》のこのようなにおい(小さなガの性《せい》フェロモン、ゴキブリの集合フェロモンや、チャバネゴキブリのメスの触角《しょっかく》にあって、オスがさわって相手がメスだということを知るにおい物質《ぶっしつ》など)を抽出《ちゅうしゅつ》し、化学構造《こうぞう》をしらべていたが、そのときにも、最初《さいしょ》の抽出《ちゅうしゅつ》にはこのような薬品を使っている。ぼくらもそれにならったのだ。

　こうして、しばらくメスの翅《はね》をつけておいたこれらの薬品を、ストライプ＝七・モデルにかけてみた。オスはこのモデルにじゃんじゃん飛んできて、さわってゆくのだから、これらの薬品が抽出物《ちゅうしゅつぶつ》から蒸発《じょうはつ》してしまったあとに、抽出《ちゅうしゅつ》されたメスの翅《はね》のにおい物質《ぶっしつ》が残《のこ》っていれば、オスはいよいよこのモデルにむかって腹《はら》をまげて、交尾《こうび》行動《こうどう》に移《うつ》ってくれるだろうと思ったのだ。

ぼくらはあまりに先を急ぎすぎて、あとからみれば、じつにばかばかしいことを忘《わす》れていた。

ストライプ＝七・モデルの台紙は、マジック・インキで黒くぬってあった。そして、マジック・インキをぬった上には、ふつうののりはつかないので、翅《はね》の黄色い斑紋《はんもん》をボンドで貼《は》りつけてあった。マジック・インキもボンドも、エーテルのような薬品にはとけてしまうのである。

だから、カラタチの前に、まず何もかけないストライプ＝七・モデルを立て、オスがどんどん飛んできて、さわってゆくのをたしかめる一〇分間のテストののち、いよいよ期待をこめて抽出物《ちゅうしゅつぶつ》をかけたところ、モデルの黄色いもようはぺろりとはげ落ち、マジック・インキもとけだして、あとには、うすぎたない灰色《はいいろ》の台紙が残《のこ》っただけだった。

エーテルにもヘキサンにもとけないモデルを作らなくては！　それには墨《すみ》がいちばんだ。台紙も、ボール紙だと抽出《ちゅうしゅつ》に使う薬品がしみこんで、長いこと蒸発《じょうはつ》しないから、ガラス板

エーテルやヘキサンのような薬品は、マジック・インキやボンドをとかしてしまう。そこで、そういう薬品にとけないモデルを作らねばならなかった。スライド・グラスに“すみ”をぬり、その上にメスの翅《はね》の黄色い部分をアラビア・ゴムで貼《は》りつけた。

のほうがよい。のりには水溶性《すいようせい》のアラビア・ゴムを使おう。

すみも墨汁《ぼくじゅう》ではなく、よいすみをすずりですった。それをスライド・グラスにぬってまっ黒い台を作り、すみがよくかわくまで待った。それからその上にメスの翅《はね》から切り出した黄色い斑紋《はんもん》を、アラビア・ゴムで貼《は》りつけた。こんどはエーテルにもヘキサンにも、メチレンクロライドにも、びくともしなかった。

実験《じっけん》は大成功《だいせいこう》で、大失敗《だいしっぱい》だった。まず、何も抽出物《ちゅうしゅつぶつ》をかけないで、このストライプ=七・改良型《かいりょうがた》モデルを出してみた。オスはじゃんじゃん飛んできた。実験《じっけん》をくりかえしたのち、平均《へいきん》を計算してみると、通過個体の九〇パーセントがこのモデルに接近し、六〇パーセントがさわっていったのである。

もしかして、すみに何かそのような効果《こうか》でもあるのかと思って、すみだけぬったまっ黒いモデルを出してみたが、もちろんオスはこれには見向きもしなかった。

まっ黒いすみの地にならんだ黄色いすじは、とてもよく目立った。マジック・インキの台紙は、黒いとはいえ、くすんだような色である。旧式《きゅうしき》ストライプ＝七・モデルの効果《こうか》が低《ひく》かったのは、一つには黒と黄のコントラストが弱かったためだろう。じっさい、ほんもののアゲハチョウの黄と黒の縞《しま》もようは、目にもあざやかなコントラストを示《しめ》しているではないか。

アゲハチョウのオスをひきつけるメスの「魅力《みりょく》」が何であったかは、これでほぼ明らかになった。その意味では実験《じっけん》は大成功《だいせいこう》であった。

だが、いくらこれに抽出物《ちゅうしゅつぶつ》をかけても、オスの交尾《こうび》行動《こうどう》をひきおこすことはできなかった。オスは飛んできて、さわり、それから何もかけてないモデルのときと同じように、けっきょくは腹《はら》をまげることなく、飛び去ってしまうのである。たまに一ぴきかそこらが、ちょっとそれらしき行動を示《しめ》すことがあっただけだった。

このときのオスの行動が、配偶行動《はいぐうこうどう》であることはまずたしかである。花にきてえさを食べるときには、必《かなら》ず口吻《こうふん》をのばす。そのほかのものに寄《よ》ってくるときには、何度も肢《あし》でさわったりはしない。

けれど、とにかく、ぼくらが試《こころ》みたかぎりの抽出物《ちゅうしゅつぶつ》では、交尾《こうび》行動《こうどう》をひきおこすことはできなかった。

じつはここで、ぼくらはもう一つ、だいじなことを忘《わす》れてしまっていた。抽出物《ちゅうしゅつぶつ》をかけてみる、というような実験《じっけん》をするときには、何にその抽出物《ちゅうしゅつぶつ》をかけてみるかが問題である。たとえば、何もかけなくても、オスが飛んできて、さわって腹《はら》をまげて交尾《こうび》するほんもののメスに、抽出物《ちゅうしゅつぶつ》をかけてみても、実験《じっけん》の意味はない。ただの白い紙に抽出物《ちゅうしゅつぶつ》をかけてみても、これまたどうしようもない。

ほんとうは、このにおい物質《ぶっしつ》以外《いがい》は重要《じゅうよう》なものが全部そろっていて、そこへ抽出物《ちゅうしゅつぶつ》をかけたら、どうなるかを見るのが、実験《じっけん》のやりかたとしては本すじだ。だから、ぼくらは、たとえば、オスの翅《はね》に抽出物《ちゅうしゅつぶつ》をかけるとか、あるいは、薬品につけてにおいをぬいたメスの翅《はね》に抽出物《ちゅうしゅつぶつ》をかけて、においをもどしてやるとか、という実験《じっけん》をするべきだったのかもしれない。

ストライプ＝七・モデルは、オスをひきつける点では、ほとんど完全《かんぜん》に近いものだったのだから、実験《じっけん》のやりかたとして、まったくまちがっていたわけではない。けれど、ステップを一つとばしてしまったことはたしかだろう。

とはいえ、じっさいに研究をしているときには、教科書や実験《じっけん》の指導書《しどうしょ》に書いてあるお手本どおりにいくことなど、ほとんどない。それに、実験《じっけん》をやっているぼくらは機械《きかい》ではない。コンピューターのように、まったく指示《しじ》どおりに正しくまちがいなく、一つの飛躍《ひやく》もなしにやってゆくことなど、たぶんどんなに努力《どりょく》してもできないだろう。ただ、あとから見て、あのときはほんとはどうすべきだったか、どうするほうがよかったかがわかればそれでよいし、どうしてもその実験《じっけん》が必要《ひつよう》だとなったら、あとからそれをやってみてもいいではないか。

いずれにせよ、オスがさいごに相手のオス・メスをたしかめるてがかりがどんなものか、現在《げんざい》でもまだわかっていない。それは、たぶんにおいだろうが、もしそうであったとしても、それは、とても変化《へんか》してしまいやすい物質《ぶっしつ》であるらしい。なぜならアゲハチョウでは、殺《ころ》したばかりのメスに飛んできたオスは、すぐ腹《はら》をまげて交尾《こうび》しようとする。けれど、死んで一時間以上《いじょう》たったメスには、たださわってみるだけで、腹《はら》をまげたりすることもなしに、まもなく飛び去ってしまうからである。

緑色のもつ意味

アゲハチョウのオスにとって、黄と黒の縞《しま》が、「アゲハチョウのメス」という信号《しんごう》、いやもっと正確《せいかく》にいえば、「アゲハチョウのメスでありうるもの」という信号《しんごう》であることは、もうよくわかったような気がする。メスをさがしているアゲハチョウのオスは、それが目に入ったら、一気にそこへ飛んでゆく。そして、おそらくその次には、メスの翅《はね》だけ、それもおそらくは生きているメスの翅《はね》だけにある、かすかなにおいが、「メスである」ことのたしかな証明《しょうめい》になるのだろう。肢《あし》の先で、このにおいをかいだアゲハチョウのオスは、すぐ交尾《こうび》行動《こうどう》に移《うつ》るのである。

アゲハチョウのオスにとっての黄と黒の縞《しま》の意味と、さわってわかるにおいの意味は、今、ぼくらにはよく理解《りかい》できる。けれど、第Ⅱ部「オスとメス」の途中《とちゅう》で問題にした緑色は、アゲハチョウにとってどんな意味をもっているのだろうか？　それがぼくらには、なかなかわからなかった。

黄と黒とかわりばんこの縞《しま》になっていなくてはならない。赤と黒の縞《しま》には、すくなくともメスをさがしているオスは見向きもしない。けれど、赤い色紙の丸いモデルには、おなかのすいたアゲハチョウなら、オス・メスをとわずにやってくる。そして、それにとまって口吻《こうふん》をのばし、一生けんめいに何かをさがしている。もちろん、彼《かれ》らがさがしているものは、花のミツなのだ。

赤以外《いがい》の色の丸いモデルや、アゲハチョウ型《がた》のモデルには、オスはぜんぜん関心《かんしん》がない。ただし、緑色だけは例外《れいがい》である。

緑色の紙モデルには、オスもよく近寄《ちかよ》ってくる。

ぼくらはすっかり困《こま》ってしまった。黄と黒の縞《しま》がメスの信号《しんごう》だと思ったのは、まちがいだったのだろうか？

つまり、緑色の紙でも、オスは近寄《ちかよ》ってくる。黄と黒の縞《しま》のモデルにオスが飛んでくるのも、それと同じことなのだろうか？　オスは、べつにそのモデルを「メスだと思って」やってくるわけではないのかもしれない。ただ、そこに何か妙《みょう》なものがあるから、ちょっと近づいて、さわってみただけなのかもしれない……そんなふうに考えると、だんだん自《じ》信《しん》がなくなってくるのだった。

でも、それもやっぱりおかしい。緑色の紙に飛んできたオスは、近くまではくるが、すぐにひょいと向きをかえて、いってしまう。なかには、もっと近寄《ちかよ》ってくるのもあるが、そういうオスは、今度はその緑色の紙にとまってしまうのだ。そして、まさにべったりすわりこんだように、休んでしまうものもある。けれど、メスやメスのモデルに飛んできたオスのように、緊張感《きんちょうかん》にあふれて、ちょっとさわってみたり、あるいは何度もさわったりはなれたりする、というようなことは、けっしてないのである。

緑色の紙に、黒い「骨格《こっかく》」の着物を着せてやると、話はまたちがってくる。このモデルに飛んできたオスのアゲハのなかには、それにちょっとさわってゆくものがかなりあるのだ。

前にもいったとおり、赤い紙に黒い骨格《こっかく》を着せたときは、オスはほとんどやってこない。同じように、黄色い紙や、白、黒の紙に着物を着せても、オスはほとんど近寄《ちかよ》ってこない。緑色の紙に着物を着せたときにだけ、近くを通ったオスの約半数《やくはんすう》がそれに飛んできて、そのかなりのものがモデルにさわってゆくのである。

これはどういうことなのだろうか？　実験《じっけん》をくりかえせばくりかえすほど、わからなくなった。

はじめ、緑に着物を着せたモデルに一ぴきのオスが飛んできたとき、ぼくらは、これは、きっと何かのまちがいなのだと思った。ぼくらがときどき何かまちがいをしでかすのと同じように、虫もまちがえることがある。だから、飛んでくるはずのないモデルにも、すこ\し、しくるというようなことが、おこりうるのだ。

それが、ほんとに何かのまちがいというより、まったくの偶然《ぐうぜん》によるのか、それとも何かちゃんとしたわけのあることで、必《かなら》ずそういうことがおこるはずなのか、それを見きわめるために、ぼくらは実験《じっけん》をくりかえしてみるのだ。もしまったくの偶然《ぐうぜん》なら、それが偶《ぐう》然《ぜん》におこる確率《かくりつ》というのはきまっている。たとえば、サイコロをふって偶然《ぐうぜん》に一の目がでる確率《かくりつ》は、六分の一にきまっている。もしそれをこえて、しばしば一の目がでるとしたら、それはもう偶然《ぐうぜん》ではなくて、何かわけがあると思わなければならない。

そこで、緑色に黒の骨格《こっかく》を着せたモデルで実験《じっけん》をつづけてみると、それにオスのアゲハが飛んでくるのは、どうやら、まちがいでも偶然《ぐうぜん》でもないらしいのである。毎日の実験《じっけん》で、必《かなら》ず何びきかのオスが飛んできて、全部を平均《へいきん》すると、近くを通ったオスの五〇パーセントぐらいが、モデルにちゃんと近寄《ちかよ》ってくることになる。そして、何パーセントかは、モデルにさわってさえゆくのである。

これはやはり何かわけのあることなのだ。緑色の丸い紙(ディスク)だけなら、オスは近《ちか》寄《よ》ってくるだけで、さわってはいかない。緑と黒の縞《しま》になると、オスは飛んでくるばかりでなく、さわってゆく。そういえば、翅《はね》の黄色いところだけを集めたまっ黄色のモデルには、オスはほとんど飛んでこなかったが、黄色いすじを黒と交互《こうご》にならべたら、オスがさかんに飛んできて、さわってゆくようになったではないか!


もしかすると、アゲハチョウのオスは、ただの緑色の紙を、木の葉とまちがえているのかもしれない。そこで、カラタチの生垣《いけがき》のそばやミカンの畑などで、あらためてオスの行動を見なおしてみることにした。

この観察《かんさつ》はおもしろかった。オスはせわしそうに飛んでまわるが、たまたまミカンの若《わか》い葉やカラタチにからんだつる草の葉などがひょいとつきだしていると、それにちょっと近寄《ちかよ》ってみる。そしてまた、すぐ離《はな》れてゆく。メスだったら、それにかるくさわり、それがミカンやカラタチの葉であれば、腹《はら》をまげて、卵《たまご》を産《う》みつける。けれど、オスは、(あたりまえの話だが)卵《たまご》は産《う》まないし、その葉にさわってみたりすることもない。

そういうところへ、メスの翅《はね》をおいてみると、オスはさっとそれに近づいてきて、必《かなら》ずといっていいくらい、それにさわってゆく。

そのような場所に、赤い紙のモデルをおいてみると、オス・メスの行動のちがいがわかる。メスはその紙に近寄《ちかよ》って、口吻《こうふん》をのばしたりすることがあるのだが、オスはまったくこのモデルに関心《かんしん》をもたないのだ。

もともと、アゲハチョウは赤い花が好《す》きである。つまり、おなかのすいたアゲハチョウは、赤い色にたいへん敏感《びんかん》になるのである。赤いマークのついたTシャツを着て、アゲハチョウをたくさん飛ばせてあるケージの中に入ってゆくと、さっそく何びきかがその赤いマークめがけて飛んでくる。

けれど、カラタチやミカンのそばを飛びまわっているアゲハチョウのオスは、花などどうでもよいのである。彼《かれ》らはメスをさがしているのであって、花などをさがしているのではない。空腹《くうふく》になったら、オスたちはカラタチやミカンのところを去って、サナギからかえったばかりのメスはいないが、もっと花のたくさんあるような場所へゆく。そこで、満《まん》腹《ぷく》したら、またカラタチやミカンのところへもどってくるのだ。そのとき、赤い色は、もはや彼《かれ》らにとっては、意味のないものになってしまっている。

メスをさがしているオスたちにとって意味のあるのは、まず緑色の葉である。第I部「チョウの飛ぶ道」でもいったように、彼《かれ》らは緑色の木の葉に強くひきつけられている。それが背景《はいけい》から浮《う》きだして、くっきりと見えたら、ついそれに近寄《ちかよ》ってしまう。

ぼくらが使った緑色の紙は、ふつうのボール紙に、ポスターカラーの青緑(ビリジアン)をぬったものだった。この色は、すこし黄色がまざった感じの若葉《わかば》の色(黄緑)とはだいぶちがっていたが、たいへんよく目立った。だから、飛んでいるオスの目にもとまりやすかったのであろう。けれどつまるところ、オスはこの青緑色の紙を、よく目立つ木の葉とまちがえていたように思えるのだ。

ところが、青緑と黒が縞《しま》(ストライプ)になっていると、オスはそれに対して、むしろメスに対するようにふるまう。それに近寄《ちかよ》り、さわってみるのである。

青緑と黒とからできてはいるが、交互《こうご》の縞《しま》になってはいないモデル、つまり、黒くぬったスライド・グラスに、青緑のすじを一本入れたもの(バンド)とか、まっ黒いスライド・グラスの上に、一辺《ぺん》一センチほどの青緑の四角を貼《は》りつけたもの(パッチ)とかに対しては、オスはただの青緑色の紙に対するのと同じように行動する。オスはちょっと近づいてみるが、さわってみようとはしないのだ。そしてそれは、よく目立つ植物の葉に対する反応《はんのう》と

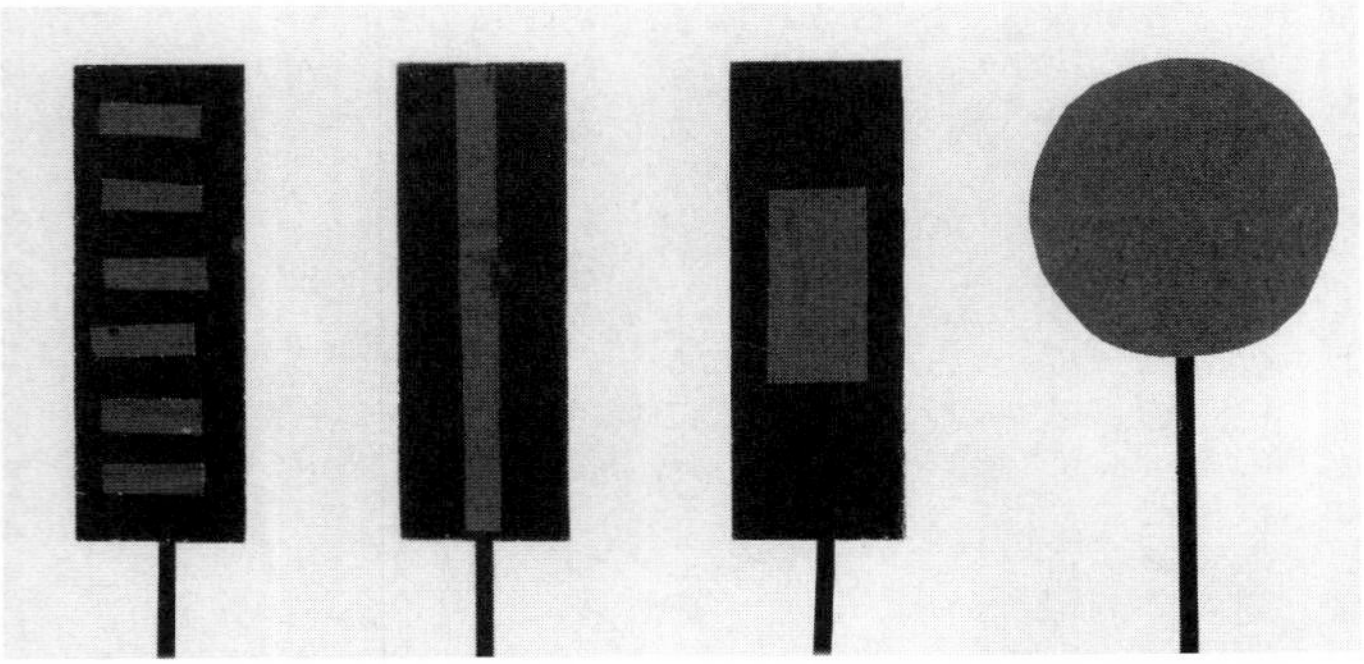

左から、ストライプ、バンド、パッチ、ディスク。

同じなのである。

きっと、一様な青緑の色は、アゲハチョウのオスにとっては植物の葉というのに近い意味をもっているにちがいない。

それに対して、青緑と黒との縞《しま》は、仲間《なかま》のアゲハチョウの翅《はね》の黄と黒の縞《しま》に近い意味をもっているように思われる。けれどその黄色は、ただのポスターカラーの黄色ではだめなのである。アゲハチョウの翅《はね》の黄色いもようのあの黄色でなくてはいけないのだ。

チョウの翅《はね》や植物の葉が、どのような色をしているかを知るために、ぼくはある器械《きかい》を改造《かいぞう》してもらった。その器械《きかい》でしらべてみたところ、アゲハチョウの翅《はね》の黄色いところは、黄色というより、むしろ青緑色に近い性質《せいしつ》をもっていることがわかった。

いろいろな物の「色」というのは、たいへんふくざつなものである。たとえば、ひとくちに「緑」といってもいろいろある。波長五七〇ナノメートル*の純粋《じゅんすい》な光は、ぼくらの目には緑色に見える。けれど、この波長の光がまったくなくても、適当《てきとう》な二つの波長の光を

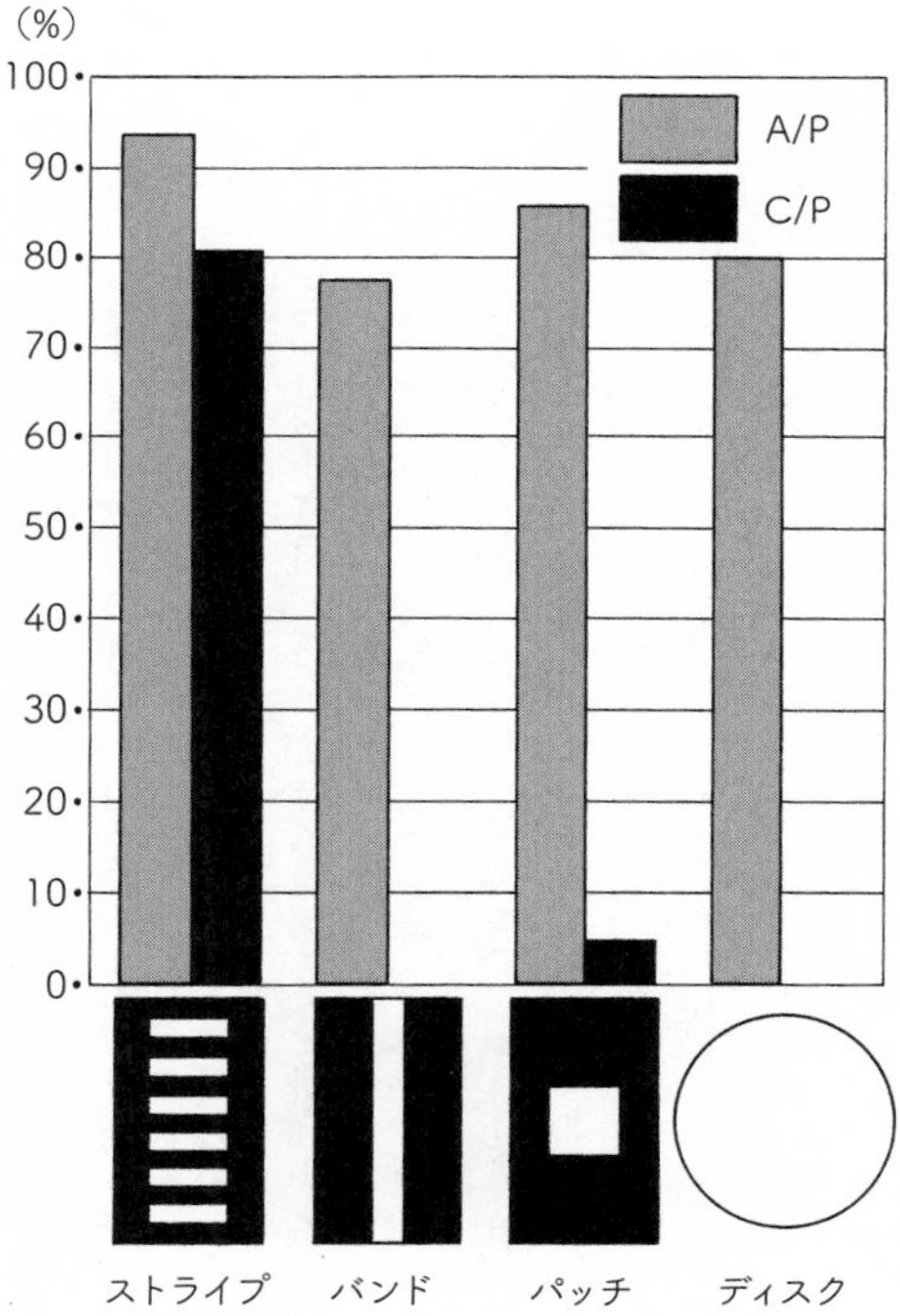

同じ青緑の色紙でも、円板(ディスク)状《じょう》にしたり、黒い地の上にパッチ状《じょう》に貼《は》りつけたり、1本の縦《たて》のバンド状《じょう》にしたり、何本かのストライプ(横縞《よこじま》)にしたりすると、それに対するオスの反応《はんのう》がちがってくる。通過個体《つうかこたい》のうち、モデルに近寄《ちかよ》ってくるものの比率《ひりつ》(A/P)はあまりかわらないが、青緑のストライプ・モデルには、圧倒的《あっとうてき》に多くのオスが近寄《ちかよ》ってくるばかりか、ちゃんとさわってゆくのだ(C/P)。

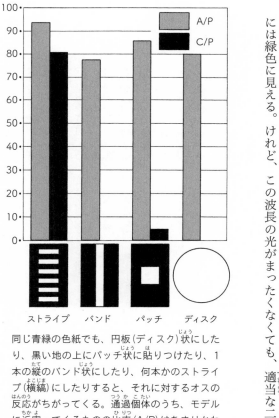

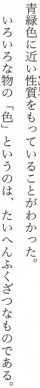

まぜると、やはり緑色に見える（絵具の混合《こんごう》の場合とはまたべつである）。さらに、もっといろいろな波長の色がまざっていても、そのまざりかたによっては、黄緑とか青緑とかいろいろな色調の緑色に見える。そして、すべての色の光をまぜあわせてしまうと、白、つまり色がないように見える。こういうことを研究する分野を色彩論《しきさいろん》という。

＊ 一メートルの一〇億分の一の長さを一ナノメートルという。つまり、10^{-9}m のことだ。これは一ミリメートルつまり一〇〇〇分の一メートルの、そのまた一〇〇万分の一になる。昔は、これを、一ミリミクロンといった。一ミクロンは一〇〇万分の一メートルで、そのミリ、つまり一〇〇〇分の一だから、一〇億分の一メートルになる。けれど、今では、ミクロンなどというよけいな単位《たんい》を使わないで、すべてメートルの何分の一という形で示《しめ》すほうがよいとされている。

まあ、そんなむずかしいことは今は関係《かんけい》ない。アゲハチョウの翅《はね》の黄色いところの反射《はんしゃ》曲線《きょくせん》を、ポスターカラーの黄色の反射曲線《はんしゃきょくせん》とくらべてみると、それがおよそ似《に》ていないのである。むしろ、ポスターカラーの青緑色の反射曲線《はんしゃきょくせん》に近い形をもっているのだ。

とすると、青緑と黒の縞《しま》にオスが飛んでくるのは、わからないことはない。アゲハチョウにとっては、メスの翅《はね》の黄色とポスターカラーの青緑色とはかなり近い色で、もしかすると、一つの色の中のニュアンスのちがいぐらいになっているのかもしれないのだ。もちろん、翅《はね》の黄と黒の縞《しま》のほうが、刺激《しげき》としては強力である。だから、近くを通ったオスの八〇パーセントから九〇パーセントがそれに飛んでくる。しかし、青緑と黒の縞《しま》も、やはり同じかたちの行動をひきおこすことができる。

つまり、青緑という色は奇妙《きみょう》な色で、それだけで存在《そんざい》すれば、木の葉という意味になり、黒と縞《しま》になっていれば、弱いながらもメスという意味になるのである。

緑にもいろいろとちがう色調のものがある。そのどの範囲《はんい》までが、黒と縞《しま》になったら「メス」、単独《たんどく》だったら「木の葉」という二重の意味をもつ色になるのかまだくわしくはしらべていないが、ふつうの緑(黄緑)ではだめなことはたしかだった。

とにかく、同じ一つの色が、そのありかたによって、ちがう意味をもつということは、たいへんおもしろい。

ぼくら人間でも、そういうことがたくさんある。たとえば、赤い色は刺激的《しげきてき》な色で、壁《かべ》も天井《てんじょう》も床《ゆか》もぜんぶ、まっ赤《か》にぬった部屋に人をとじこめておくと、気《き》が変《へん》になってしまうといわれる。この話がほんとうかどうか、ぼくは知らないけれど、巨大《きょだい》な赤い色のものが、ぼくらに不安《ふあん》をおこさせるのは事実だ。山をひとりで歩いていて道に迷《まよ》ったときの、異常《いじょう》に赤い夕焼《ゆうや》け、夜、火事やコンビナートの爆発《ばくはつ》で赤くもえる空、——こういうものは、人をなんとはなしに不安《ふあん》におとしいれる。

けれど、小さな赤いものは、とてもかわいらしい。赤い小さな花、赤く熟《じゅく》した木の実など、思わず手にとってみたいくらい愛《あい》くるしい感じがする。

どちらも同じ赤なのに、なぜそれほどちがうのだろう？　理由はよくわからない。もしかすると、人間がやっと人間になって、アフリカの平原で生活をはじめたころ、小さな赤は、食物であるイチゴやその他の果実《かじつ》の信号《しんごう》として、そして、空を染《そ》める巨大《きょだい》な赤は、まもなくやってくる暗い危険《きけん》な夜の信号《しんごう》として、人間の感覚《かんかく》のシステムの中に意味づけられたのかもしれない。

だが、そういう「意味づけ」が、いつ、どのようにしてできあがるのか、まだまったくといっていいほど、わかっていない。いちばんかんたんなのは、そういう色の意味は「学習」によっておぼえるのだと考えることである。つまり、たとえば今の人間の例《れい》でいえば、こんなことになる。——あるとき、小さな赤いものをみつけた。食べてみたらおいしかった。そんなことが何回かあったので、小さな赤い色のものは食物であることを学習した。あるとき、夕焼《ゆうや》けで空がまっ赤《か》になった。ぼうぜんとそれを眺《なが》めていたら、たちまちにして夜がきて、あたりはまっ暗になった。すっかり恐《おそ》ろしくなって、みんなのいるかくれがへ、ころげるように逃《に》げ帰《かえ》った。それ以来《いらい》、赤い空を見たら、すぐにかくれがへ戻《もど》るようになった、と。

たしかに、そういうこともあるかもしれない。けれど、そのようにして学習されたものが、けっして遺伝《いでん》しないことは、今ではほぼ確実《かくじつ》である。新しく生まれた子どもは、必《かなら》ず自分で一度そのようなことを経験《けいけん》して学習するか、あるいは、すくなくともそれをだれかから教えてもらわねばならない。

ところが、小さな赤ちゃんを好《す》きな人ならきっと知っているように、赤ちゃんが生まれたときは、色はわからない。生まれてから二、三か月たつと、やっと色の区別《くべつ》がつきはじめる。そして、最初《さいしょ》に区別《くべつ》される色は赤なのだ。それからは赤いおもちゃなどに、たいへん強い関心《かんしん》を示《しめ》すようになる。

赤ちゃんはいつ学習したのだろう？　赤ちゃんのまわりには赤いものが多く使われる。それで学習したのだろうか？　赤が区別《くべつ》できないうちに赤を学習するということができるのだろうか？
人間の赤ちゃんは、どの人種《じんしゅ》、どの民族《みんぞく》、どの文化でも、まず最初《さいしょ》に赤を区別《くべつ》しはじめるらしい。赤ちゃんに赤いものを着せない民族《みんぞく》だってあるだろう。けれど、それでも赤ちゃんはまず赤から区別《くべつ》しだすのだ。これは、もしかすると、学習ではなく、人間の赤ちゃんが生まれつきもっている性質《せいしつ》なのかもしれない。

アゲハチョウの場合には、もっとはっきりしている。前に書いたとおり(八九ページ)、ぼくらの研究室では、一年じゅういつでもアゲハチョウを飼育《しいく》できるように、幼虫《ようちゅう》はカラタチやミカンの葉っぱでなく、人工飼料《しりょう》*で育てていた。この人工飼料《しりょう》には、カラタチの葉の粉末《ふんまつ》は入っているけれど、それは乾燥《かんそう》した葉をこまかい粉《こな》にしたものなので、もはや緑色ではない。そして、幼虫《ようちゅう》を一ぴきずつべつの容器《ようき》で飼《か》うと、幼虫《ようちゅう》は仲間《なかま》の緑色の幼虫《ようちゅう》を見ることがないから、ずっと緑のものを見ないで育つわけだ。

* ついでにいっておくが、こういう人工飼料《しりょう》は、研究室で一年じゅう昆虫《こんちゅう》を飼《か》って実験《じっけん》をするときには、たいへん便利《べんり》である。しかし何びきかの幼虫《ようちゅう》を飼育《しいく》したり、観察《かんさつ》したりするときには、

やたらと手数がかかり、お金もかかって、かえって不便《ふべん》だ。人工飼料《しりょう》のほうがいつもすぐれているわけではない。

もちろん、この幼虫《ようちゅう》は、親の翅《はね》の黄色い色も、花の赤い色も見ることはない。このようにして育った幼虫《ようちゅう》がサナギになり、親のチョウになったら、また一ぴきだけ、ケージに入れ、えさとして砂糖水《さとうみず》をのましてやる。砂糖水《さとうみず》には色がないから、ついにこのアゲハチョウは、緑も黄も赤も学習する機会《きかい》はなかったことになる。

そこで、このアゲハチョウをケージの中へ放し、赤い花のモデルを出してやる。アゲハチョウはさっそくそれに飛んできて、口吻《こうふん》をのばし、ミツをさがす。今度は、青緑のモデルを出してやる。チョウはそれに関心《かんしん》を示《しめ》し、すこし近寄《ちかよ》ってくる。もしこのチョウがオスだったら、例《れい》の青緑と黒の縞《しま》のモデルを見せてやる。チョウはさっと飛んできて、それにさわる。黒と翅《はね》の黄のモデルだったら、もっとよく飛んでくるし、生きたほんものの処女《しょじょ》メスをケージの中に放してやれば、たちまちにして彼女《かのじょ》を発見し、近寄《ちかよ》って、さわって、交尾《こうび》してしまう。

どれ一つとして、このオスのアゲハチョウがそれまでに見たことのないものばかりである。それなのに、オスはちゃんと反応《はんのう》し、それなりの行動をする。彼《かれ》はそれを学習したのではない。生まれたときから、どんなものに、どう行動すべきなのかを「知っている」のだ。

こういう行動は、「生得的《せいとくてき》」つまり生まれつきの行動とよばれる。アゲハチョウのオスであれば、その行動のしかたが遺伝的《いでんてき》に「組みこまれている」のである。

「組みこみ」というのはわかりにくいかもしれない。何といったらいいだろう？　うん、機械《きかい》の好《す》きな人には、「内蔵《ないぞう》」といえばいいかもしれない。カメラの露出計内蔵《ろしゅつけいないぞう》、何とか内蔵《ないぞう》……という、あれと同じだ。アゲハチョウというこの虫の体には、行動のしかたがはじめから内蔵《ないぞう》されているのだ。

「はじめから」というのは、「遺伝的《いでんてき》に」ということである。アゲハチョウという種《しゅ》の遺《い》伝《でん》として、そういう行動のしかたがきまっているのである。

ただし、遺伝《いでん》というからといって、メンデルの遺伝法則《いでんほうそく》のことなどを思いだしてはいけない。あれは、エンドウという種《しゅ》の植物の中の、いろいろとちがう品種《ひんしゅ》のもつ性質《せいしつ》の遺伝《いでん》のことをいっているもので、今、ここでいう遺伝《いでん》とは、おそらく話のレベルがちがうのだ。

ここで問題にしているのは、種《しゅ》についてのことだ。たとえば、だれでも小さいときに歌ったうたがある。

ぞうさん、
ぞうさん、
おはながながいのね。
そうよ、
かあさんもながいのよ。

（「ぞうさん」、まどみちお作詞《さくし》、団伊玖磨《だんいくま》作曲）

これだ。ゾウは鼻が長い。ゾウのかあさんも鼻が長い。耳がすこし大きいとか小さいとか、体の色がこいとかうすいとか、いろいろこまかいちがいはあるだろうが、ゾウならみな鼻が長くて、ゾウらしいかっこうをしている。生まれた子ゾウが、「ぼくは、あんなにばかでかくて、鼻の長いけものになるのはいやだ。」といって、いくら泣《な》いても、どうしようもない。やっぱりそういう形をしたゾウの大人になるほかはないのである。もちろん、ゾウの子がそんなだだをこねるはずもないけれど……。

では、どうしてゾウの鼻はあんなに長いのか、といわれたら、わからない、としかいいようがない。いえるのは、あの鼻がゾウにとってどんな役に立っているか、ということだけだ。

アゲハチョウの場合でも同じである。一ぴきずつよく見れば、大きさや翅《はね》のもようや、色のこいうすいなどという点で、みなすこしずつちがう。むしろ、完全《かんぜん》に同じものはいない、といったほうがいいかもしれない。けれど、どれも同じアゲハチョウである。もちろん、オスとメスははっきりちがう。だが、オスどうし、メスどうしでは、みな根本的《こんぽんてき》には同じであり、同じ条件《じょうけん》では、同じものに対して、同じような行動をとる。メスをさがしているオスは、翅《はね》の黄(または青緑)と黒の縞《しま》に飛んでゆく。空腹《くうふく》のときは、オス・メスとも、赤か黄のものをみつけると、すぐそれに向かって飛んでいって、口吻《こうふん》をのばす。

なぜ、青や白でなく、あるいはモンシロチョウのときのように紫外線《しがいせん》でなくて、黄や青緑や赤をえらんだのか？　それはわからない。今のところ、ぼくらにわかりそうなのは、そのような色が、アゲハチョウにとって、どういう意味をもっており、彼《かれ》らが生きてゆくうえで、どういう役に立っているかということだけだ。けれど、それをしらべてゆくことによって、はじめに問いかけた「なぜ」に対するこたえの、おおよそのけんとうはついてくる。

産卵《さんらん》のめじるし

食物としての花をさがすことをべつにすれば、メスをみつけて交尾《こうび》することが、アゲハチョウのオスの「人生」である。けれど、メスの人生には、卵《たまご》を産《う》むことまでがふくまれている。

夏、カラタチの生垣《いけがき》のところでアゲハチョウをじっと待っていると、まもなく一ぴきのメスがあらわれる。メスはオスのようにセカセカせず、ゆっくりと飛ぶので、すこしなれれば、すぐにメスとわかる。彼女《かのじょ》はカラタチのすぐそばをあちらこちらへと飛ぶ。むこう側《がわ》へいったかと思うと、またこちら側《がわ》へでてきたり、すこし枝《えだ》のすけたところがあれば、そこへもぐりこんで、反対側《はんたいがわ》へぬけていったりする。

そうこうするうちに、どこか一本の枝先《えださき》の葉に近づき、翅《はね》をこきざみに羽ばたきながら、肢《あし》の先で葉にとまる。そして、そっと腹《はら》をまげ、腹《はら》の先を軽く葉にふれて、黄色い真珠《しんじゅ》のような卵《たまご》を一個《こ》、ポツリと産《う》む。

そして、すぐに舞《ま》いあがり、またフワリフワリと飛びまわりはじめる。こうして、あちらに一つ、こちらに一つと卵《たまご》を産《う》んでゆくのである。

いくつか産《う》みおえると、メスは急に高く舞《ま》いあがって、どこかへいってしまう。おなかがすいてきたので、花でもさがしにゆくのだろう。あるいは、べつのカラタチの生垣《いけがき》をさがしにでかけたのかもしれない。

カラタチに産卵《さんらん》しているアゲハチョウ。なぜカラタチだということがわかるのだろうか。

モンシロチョウの卵《たまご》はふつうキャベツの葉のうらに産《う》んである。アゲハチョウは、カラタチの葉のうらとおもてのどちらにも、卵《たまご》を産《う》みつける。けれど、葉のおもてに産《う》みつけられている場合のほうが多いようだ。

卵《たまご》が葉のうら、またはおもてに産《う》まれるのは、わざわざメスがそうするからではなく、どうしても、そういうことになってしまうのである。つまり、アゲハチョウのメスは、こまかく羽ばたいて、体を空中に浮《う》かせながら、カラタチの葉に軽くとまる。そして、腹《はら》の先が何かにさわるまで、腹《はら》をまげる。そのときの葉のしなりぐあいで、卵《たまご》が葉のうらに産《う》まれるか、おもてに産《う》まれるかがきまるのだ。

カラタチでなく、もっと葉の大きいミカンなどになると、とまる場所によってはメスの体が葉の外にはみださない。そのような状態《じょうたい》で腹《はら》をまげれば、腹《はら》の先はいつでも葉のおもてにぶつかる。すると、卵《たまご》は葉のおもてに産《う》みつけられるのだ。

また卵《たまご》が葉柄《ようへい》や枝《えだ》に産《う》みつけられていることもある。これも要《よう》するに同じことで、どこかの葉にとまって、腹《はら》をまげていったら、たまたまその先が葉柄《ようへい》や枝《えだ》にぶつかっただけのことである。

アゲハチョウの卵《たまご》は丸いけれど、底《そこ》が平たく、メスの分泌《ぶんぴつ》する接着物質《せっちゃくぶっしつ》によってしっか

アゲハチョウは１個《こ》の卵《たまご》を産《う》むと、すぐ舞《ま》いあがり、すこし飛《と》んでまた次の場所をさがす。したがって卵《たまご》は１個《こ》ずつばらばらに産《う》まれる。同じ場所に何《なん》個《こ》も産《う》みつけられているのは、ちがうメスがつぎつぎにやってきて産《う》んだものだ。

卵《たまご》を産《う》むべき場所が足りないと、卵《たまご》がこのように異常《いじょう》に集中して産《う》まれることもある。

り葉にくっつけられているので、葉のおもてでもどこでも、雨でたたきおとされるようなことはなさそうである。その意味では、どこに産《う》みつけられても、べつにかまわないのだろう。かえったばかりの幼虫《ようちゅう》は、一日ぐらいは食べずにいても平気である。葉にとまって、その近くに産《う》んでおくぶんには、どうせ、えさからそう遠く離《はな》れているはずはないのだから、あまりげんみつに産卵《さんらん》場所をえらぶ必要《ひつよう》はないようにみえる。

けれど、アゲハチョウのメスは、やはり新芽《しんめ》や新しい葉に産卵《さんらん》することが多い。

こうして産《う》みつけられたアゲハチョウの卵《たまご》にとって、いちばんおそろしいのは、タマゴバチというごく小さな寄生《きせい》バチの仲間《なかま》である。このハチは、小さいも小さい、親の体長が〇・五ミリにも達《たっ》せず、一個《こ》のアゲハチョウの卵《たまご》の中で、このハチの幼虫《ようちゅう》数ひきが育つのである。

こんな小さなハチのくせに、タマゴバチは、どこからともなくカラタチの葉に飛んできて、彼《かれ》らにとってはものすごく広い平野にちがいない葉の上に、ポツンと一個《こ》だけ産《う》まれているアゲハチョウの卵《たまご》を、ちゃんとみつけだす。するとハチは、すこしの間、触角《しょっかく》で卵《たまご》をしらべ、よしとなると、腹《はら》の先の産卵管《さんらんかん》をアゲハチョウの卵《たまご》にぐいとさしこんで、自分の卵《たまご》を産《う》みつける。卵《たまご》の中に卵《たまご》を産《う》むわけだ。

ハチの卵《たまご》を産《う》みつけられたアゲハチョウの卵《たまご》は、まもなく色が黒くかわる。そのころ、アゲハチョウの卵《たまご》のからの中では、タマゴバチの幼虫《ようちゅう》が何びきか、すでに育ちきってサナギになっている。まもなく、黒い卵《たまご》のからに穴《あな》をあけて、赤い、針《はり》の先ほどの大きさのハチの親がでてくる。

九州大学農学部のアゲハチョウ生態学《せいたいがく》研究グループがしらべたところでは、このタマゴバチは産《う》まれてからおそくとも一日以内《いない》のアゲハチョウの卵《たまご》にしか産卵《さんらん》しないそうである。

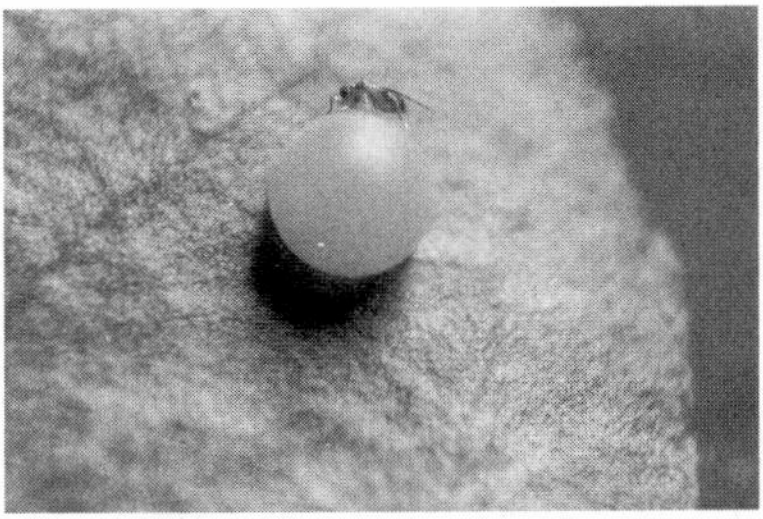

アゲハチョウの卵《たまご》の中に、卵《たまご》を産《う》もうとして、さかんにしらべているタマゴバチ(上)。タマゴバチに寄生《きせい》されたアゲハチョウの卵《たまご》は、まもなくまっ黒くなる(下)。ふつうに卵《たまご》が育ってゆくときも、色が黒ずんでくるのだが、寄生《きせい》された卵《たまご》の黒さは、それとはくらべものにならない。

そんな短い間に、よくちゃんとみつけるものだ。アゲハチョウの卵《たまご》が葉のうらに産《う》まれていようと、おもてに産《う》まれていようと、このハチはすぐにみつけてしまうにちがいない。

ところで、タマゴバチはよいとして、かんじんのアゲハチョウは自分の卵《たまご》を産《う》むべき場所を、どうやってみつけるのだろうか？

アゲハチョウの幼虫《ようちゅう》は、カラタチ、ミカン、サンショウ、ユズなど、ミカン科の植物の葉を食べる。ミカン科の植物はこのほかにもたくさんあるけれど、いずれにせよ、この仲《なか》間《ま》以外《いがい》の植物の葉は食べないし、すこしは食べても、けっきょく育たない。そこでアゲハチョウのメスは、これらの植物に卵《たまご》を産《う》まねばならないわけだ。

だが、この地上にはじつにさまざまな植物がある。そのうえ、ミカン科の植物というのは、これまたおそろしくまちまちな姿《すがた》をしている。ミカンの葉は、おおざっぱにいえば単《たん》葉《よう》で、長さ一〇センチに近い、標準的《ひょうじゅんてき》な木の葉形をしている。木の形も、ふつうの木らしく、何本かの枝《えだ》がななめ上へ向かってのびている。ところが、カラタチはまったくちがい、こまかい枝《えだ》がごちゃごちゃとしげり、幹《みき》も枝《えだ》もとげだらけで、おまけに葉は小さくて、三枚《まい》の複葉《ふくよう》である。

ミカン

カラタチ

一方、サンショウはあまり大きくならず、葉は小さな小葉がたくさんついた羽状複葉《うじょうふくよう》だ。サンショウと縁《えん》が近くて、山の中ではアゲハチョウの仲間《なかま》の幼虫《ようちゅう》のおもな食草《しょくそう》になっているカラスザンショウは、高さ一〇メートル、二〇メートルという大木である。おそろしく成長《せいちょう》が早くて、まわりの木にぬきんでて、枝《えだ》を広げる。幹《みき》はまっすぐで、全体の形は傘《かさ》を広げたようだ。そして、葉は大きな羽状複葉《うじょうふくよう》で、全体としては長さ五〇センチ以上《いじょう》になる。

こんなにまちまちな姿《すがた》をしているのに、みな同じミカン科の植物である。そしてそのことは、アゲハチョウもちゃんと知っている。つまり、このどの木にも、メスはちゃんと卵《たまご》を産《う》むのである。

どこかに何か共通点《きょうつうてん》があるにちがいない。それは何だろう？　きっと同じミカン科の植物だから、同じにおいがするのだろう。けれど、そのにおいは、それほど遠くまではとどくまい。

この問題にも、ぼくは前から関心《かんしん》をもっていた。当時、日本女子大学生物学コースの四年生で、ぼくの研究室へ卒業《そつぎょう》研究にくることになった樋渡《ひわたし》ムツ子さんといっしょに、すこしくわしくしらべてみた。

植物の葉を食べる昆虫《こんちゅう》の幼虫《ようちゅう》が、あるきまった種類《しゅるい》の植物しか食べないことは、古くから知られている。カイコはクワしか食べないし、モンシロチョウの幼虫《ようちゅう》は、アブラナ科植物の葉しか食べない。それはなぜかという研究も、昔からおこなわれていた。

アメリカのフレンケルという人は、いろいろな植物の葉の成分《せいぶん》を分析《ぶんせき》して、タンパク質《しつ》やアミノ酸《さん》、炭水化物《たんすいかぶつ》、脂肪《しぼう》というような栄養分《えいようぶん》についていえば、どの植物でもほとんど差《さ》がないこと、つまり、昆虫《こんちゅう》はどの植物を食べても、栄養的《えいようてき》にはちゃんと育つはずであることを知った。

それなのに、なぜ虫たちはえりごのみをするのだろうか？　それは、直接《ちょくせつ》には栄養《えいよう》と関係《かんけい》のないことだが、葉のにおいがちがうからだ、とフレンケルは考えた。

フレンケルのこの考えは、その後しだいに正しいことがわかってきた。いくつかの虫では、そのにおいがあれば食べ、それがなければ食べないという物質《ぶっしつ》が何であるか、かなりのところまでつきとめられているし、そういう物質《ぶっしつ》には、幼虫《ようちゅう》の味《み》覚受容器《かくじゅようき》がとくに敏感《びんかん》に反応《はんのう》することもよく研究されている。

そんなわけで、幼虫《ようちゅう》のえりごのみの原因《げんいん》が、植物の葉にふくまれているにおいにあることがわかってくると、チョウの親が卵《たまご》を産《う》むか産《う》まないかも、やはりにおいによってきまるのだろうと、一般《いっぱん》には考えられるようになっている。

けれど、幼虫《ようちゅう》はたいていは植物の葉の上にいるか、あるいはそのごく近くにいる。そこで葉のにおいをかぐのは何でもない。だが、チョウのメスは、広い世界を飛びまわっており、そこらに生えているやたらに多くの、そしてさまざまな植物の中から、卵《たまご》を産《う》むべき植物をさがしださねばならない。においがするといっても、まわりにある他の植物のにおいもするだろうから、においがごちゃごちゃになってしまって、とてもかんたんに「あ、このにおいだ。」というわけにはゆくまい。においだけでえらびだすのは、ちょっと無理《むり》なのではあるまいか?

そこで、ぼくらは、まず卵《たまご》を産《う》もうとしているメスのアゲハチョウが、はたしてどのような行動をとるか、野外でくわしく観察《かんさつ》することからはじめた。これは、たいへんであったけれど、なかなかおもしろいものであった。

メスのアゲハチョウにも、「チョウ道《どう》」がある。第I部で述《の》べたように、メスも日のあたっている樹木の葉にそって飛んでゆく。もし、何も生えていない裸《はだか》の地面や、たけの低《ひく》い草の生えた場所にでてしまうと、飛びかたはたいてい速くなって、どこか近くの樹木をめがけて飛ぶ。その点はオスの場合とかわりがなかった。

けれど、オスがカラタチそのほかミカン科の木にとくに関心《かんしん》を示《しめ》さないのに対して、メスはちがっていた。たまたまそういう木にでくわすと、急に飛ぶのがゆっくりになって、さっき産卵《さんらん》のところ(一七九ページ)で書いたように、フワリフワリ、ゆきつもどりつしながら、卵《たまご》を産《う》みはじめるのである。

メスがオスと同じように、チョウ道《どう》にそって飛ぶこと、裸《はだか》の地面より草地、草地より樹木のほうを「好《この》む」こと、そしてその樹木は、べつにミカン科でなくてもいっこうにかまわないことなどから考えると、アゲハチョウのメスが、最初《さいしょ》からミカン科の植物のにおいにひきつけられているのでないことは、ほぼたしかだと思われた。

その次に、ぼくらが注目したのは、メスがよくおかす「まちがい」であった。たとえば、サイカチというマメ科の木がある。この木の葉は羽状複葉《うじょうふくよう》で、葉や小葉の大きさや感じが、サンショウとたいへんよく似《に》ている。この木のそばで観察《かんさつ》していたら、おもしろいことに気がついた。近くの木にそって飛んでくるアゲハチョウのうち、メスだけは、急にそれまでのルートからそれて、このサイカチの木に寄《よ》ってくる。そしてこの木の梢《こずえ》のまわりを、しばらくゆっくり飛びまわってゆくのである。

同じようなことは、ユズリハそのほかの木の近くでもみられた。これらの木はミカン科ではないのに、葉の形もつやもミカンによく似《に》ているのである。

こういうたぐいのまちがいは、アゲハチョウのメスだけがやるのではない。ウマノスズクサというつる草に卵《たまご》を産《う》むジャコウアゲハは、同じような場所に生えているべつのつる草、ヘクソカズラやガガイモの葉によく近づく。山間の小道などでは、アブラナ科植物にしか卵《たまご》を産《う》まないスジグロシロチョウがオオバコの葉に飛んでゆくのをよく見かける。みんなまちがえているのだ。

こういう例《れい》をたくさん集めてみると、チョウのメスが卵《たまご》を産《う》むときには、まず、視覚的《しかくてき》に食草《しょくそう》とよく似《に》た姿《すがた》の植物をさがし、いちおうそれに近づいてみているように思えるのだった。

もちろんその前に、チョウは緑色の植物に向かってゆく。緑色の色紙がチョウの関心《かんしん》をひくのはそのためであり、また、チョウが緑色に敏感《びんかん》なのはそのためなのだ。

緑色の植物のない場所に、食草《しょくそう》が生えている可能性《かのうせい》はない。多くの動物は、こうやって可能性《かのうせい》のない場所から離《はな》れ、目ざすものの存在《そんざい》する可能性《かのうせい》のあるほうへ向かう。

アゲハチョウの場合、食草《しょくそう》はミカン科の木だから、たけの低《ひく》い草ではだめである。そこで、緑の植物をみつけたら、次には草を捨《す》てて、なんでもよいから木のほうへ飛んでゆく。

同じ木でも、針葉樹《しんようじゅ》は関係《かんけい》がない。ミカン科は針葉樹《しんようじゅ》ではないからである。そこでアゲハチョウは、マツやスギのような針葉樹《しんようじゅ》は捨《す》てて、広葉樹《こうようじゅ》をえらぶ。ただし、もちろんチョウは、針葉樹《しんようじゅ》、広葉樹《こうようじゅ》などという区別《くべつ》は知らない。ただ、視覚的《しかくてき》に葉が細いものでなく、広いもののほうへ飛んでゆくだけである。そこで、ほんとうは針葉樹《しんようじゅ》であるけれども、ちょっと見たところ広い葉かこまかい羽状複葉《うじょうふくよう》の集まりのように見えるヒノキやサワラは、アゲハチョウにとっては「可能性《かのうせい》の高い」木と映《うつ》るらしい。オスもメスも、よくヒノキやサワラにそって飛んでいる。

広葉樹《こうようじゅ》のなかでも、ヤツデやキリのように、やたらと大きな葉をもつ木は、食草《しょくそう》である可能性《かのうせい》がない。おそらくそのためであろう、アゲハチョウのメスは、そのような木のそばを通っても、スピードをおとすことなく、通りすぎていってしまう。

さて、そのあとはよくわからない。けれど、あるていどの大きさの葉をもつ木や、羽状《うじょう》複葉《ふくよう》、あるいは一見そのようにみえる木には、たいてい一度は近づいてみるようである。もちろん、葉の形ばかりでなく、色あいも問題であるらしい。

とはいえ、アゲハチョウばかりでなく、いろいろなチョウのメスが、あらかじめ食草《しょくそう》がどんなものかを知っていて、それに似《に》たものはいちいち近寄《ちかよ》ってしらべてみる、というわけではない。こちらのほうには可能性《かのうせい》がないから、むこうへいこうなどと「考えて」、緑のほうへいったり、広葉樹《こうようじゅ》のほうへいったりしているわけでもない。

アゲハチョウのメスが生まれつきもっている行動のしかた(これを行動の様式とか、行動パターンという)がそのようになっていて、彼女《かのじょ》はその行動パターンにしたがっているだけなのだ。

つまり、緑のない裸《はだか》の土地の上では、アゲハチョウはおそらく不安《ふあん》になるのだろう、飛びかたが速くなる。そこで、そういうところにはあまり長い間とどまっていない(いることができない)。そして、なにか緑の植物のあるところへくると、すこしゆっくり飛ぶようになるが、たけの低《ひく》い草の上を飛んでいる間は、まだ落ち着かないのであろう。けっきょく、木の梢《こずえ》を「横目でみながら」飛ぶときに、アゲハチョウはやっと落ち着くようである。そして、ある形で、ある色あいをした葉が目に入ると、アゲハチョウはいやおうなしに、それにひきつけられ、そちらへ飛んでゆく。

おそらく、実際《じっさい》におこっていることは、こういうことなのであろう。それは、きわめて機械的《きかいてき》で単純《たんじゅん》なことのようにみえるし、事実そうなのだと思われる。けれど、その意味を考えてみると、さっき述《の》べたとおり、それが、じつに理屈《りくつ》にあった、合理的《ごうりてき》なしくみであることがみてとれるのである。

人間はいろいろとものを考えたり理屈《りくつ》をこねたりすることができるものだから、昆虫《こんちゅう》のように、なんの考えもなく単純《たんじゅん》に反応《はんのう》する動物をばかにしがちである。たしかに、人になにかそそのかされて、なんの思慮《しりょ》もなく、それにのったりするのはばかげている。けれど、ゴテゴテと考えたあげくにやったことが、それだけ理にかなっているかというと、必《かなら》ずしもそうではない。もっと単純《たんじゅん》にやったほうがよほど適切《てきせつ》であったという場合だって、たくさんある。

それに、人間でも、昆虫《こんちゅう》とあまりかわらないように行動している場合がずいぶんと多い。女の子が男の子を見ると思わず意識《いしき》したり、男の子が思わずかわいい女の子をちらっと見てしまったりするのは、そのいい例《れい》だ。

アゲハチョウをはじめ、昆虫《こんちゅう》の行動はだいたい似《に》たようなものである。それはふつうはきわめて単純《たんじゅん》で、機械的《きかいてき》である。けれど、じつに合理的《ごうりてき》に組み立てられているのである。

だが、目で見て食草《しょくそう》に似《に》ている木のそばへ飛んできたアゲハチョウのメスは、どうやって、これがほんとうに食草《しょくそう》であるかないかを見わけるのだろう？

どうも、ここではじめてにおいが登場するらしいのだ。それは次のような観察《かんさつ》や実験《じっけん》で明らかになった。

さっきのべたサイカチの木の話にもどるが、「まちがえて」この木に飛んできて、枝先《えださき》に近づいたり離《はな》れたりしながら、ゆきつもどりつしているメスのアゲハチョウは、けっきょくは卵《たまご》を産《う》まないで、よそへいってしまう。彼女《かのじょ》には、これがほんとうの食草《しょくそう》でないことがわかったのだ。

そこでぼくらは、この木の下に、植木鉢《うえきばち》に植えたカラタチを置《お》いてみた。カラタチはかなり背《せ》が高かったので、その枝《えだ》はサイカチの木の枝《えだ》とさしかわすことになった。ことになった、というより、ぼくらがわざわざそうなるようにしたのである。

このように「セット」されたサイカチの木に、いつものとおり、アゲハチョウのメスが一ぴき飛んできた。どういうことになったろうか？

彼女《かのじょ》は「決定的《けっていてき》なまちがいをおかした。」つまり、しばしサイカチの枝先《えださき》を飛びまわったのち、カラタチの枝《えだ》とさしかわしているあたりのサ、イ、カ、チの葉に、卵《たまご》を産《う》んでしまったのである。

その後、たくさんのメスが、同じまちがいをした。まちがいのおこったのは、いつもサイカチの枝《えだ》とカラタチの枝《えだ》とがいりまじっている場所であった。もちろん、「正しく」カラタチの葉に産卵《さんらん》したメスもいたけれども、それは、いってみれば、あたりまえのことである。おもしろいのは、カラタチの葉に近いサイカチの葉に、メスが平気で卵《たまご》を産《う》んでしまったことであった。

カラタチにくらべて、サイカチの木はずっと大きかった。サイカチの木のてっぺんに近い、したがって、カラタチの枝先《えださき》から一メートルも離《はな》れたあたりでは、サイカチの葉に卵《たまご》を産《う》んだメスはいなかった。

同じようなまちがいは、自然状態《しぜんじょうたい》の中でも、よく見られる。カラタチの生垣《いけがき》には、いろいろなつる草がからまっている。ヤマノイモだとかヘクソカズラだとか……。夏になると、こういう「まちがった」葉にも、よくアゲハチョウの卵《たまご》が産《う》みつけられているのである。

まちがいの原因《げんいん》の一つは、前にものべたことである。つまり、アゲハチョウがカラタチの葉にとまり、ぐっと腹《はら》をまげたとき、たまたまそのすぐ近くにべつの植物の葉があって、そこへメスの腹《はら》の先端《せんたん》がぶつかれば、メスはさっさとそこへ卵《たまご》を産《う》んでしまう。あとからみれば、カラタチとはまったくちがう植物の葉に、アゲハチョウの卵《たまご》がついていることになる。

けれど、これはまだ説明《せつめい》がつく。まちがいといっても、それほどたいしたまちがいではない。「まあ、無理《むり》もない。だれでもそれくらいのまちがいはあるものさ。」といって許《ゆる》してやれるていどのものだ。

しかし、どうみても「許《ゆる》しがたい」まちがいもよくあるのだ。すぐ近くに、つまりそこにとまって腹《はら》をまげたらこの葉にとどくだろうという距離《きょり》には、カラタチの葉などがないのに、ちゃんとへんな葉の上に卵《たまご》が産《う》みつけられていることがあるのだ。もちろん、その卵《たまご》をもち帰って、飼《か》っておけば、ちゃんとアゲハチョウの幼虫《ようちゅう》がかえる。よく似《に》ているけれど他の虫の卵《たまご》だった、ということではない。

もう一つの例《れい》。ぼくらが実験《じっけん》に使っていた大きなケージのすみに、小さなアキニレの実《み》生《しょう》の苗《なえ》(種から芽を出した苗)が何本か生えていた。近くにあるアキニレの木立から、種子《しゅし》がとんできたのだろう。あるとき、そこへメスのアゲハチョウがとまって、しきりに腹《はら》をまげているのがみられた。その行動は、まさに卵《たまご》を産《う》むときのものだった。

アキニレというのはニレ科の木《き》で、もちろんミカン科とはまるでちがい、アゲハチョウの幼虫《ようちゅう》の食草《しょくそう》でもないし、親もふつうならぜったいに卵《たまご》など産《う》まない。* はて、おかしなことをするものだ、と思ってしらべてみると、やはり、ニレの葉にはちゃんと卵《たまご》が産《う》んである。どうもへんだ。

＊ふつう、チョウやガの親は、幼虫《ようちゅう》がそれを食べて育つ植物に卵《たまご》を産《う》むものだが、じつは必《かなら》ずしもそうとはいいきれない。たとえばアメリカシロヒトリは、サクラ、ミズキ、プラタナスなどとならんで、イチョウの葉にも卵《たまご》を産《う》む。けれど、幼虫《ようちゅう》はイチョウでは育たないので、まもなくぜんぶ死んでしまう。親はけっして子どもの「将来《しょうらい》を考えて」卵《たまご》を産《う》んでいるわけではないのだ。

そこで、アキニレの何本かの芽生《めば》えをよくしらべてみたら、読めた、読めた。アキニレの中に、一本だけ、ゴシュユという木の芽生《めば》えがまじっていたのである。ゴシュユというのは、ミカン科の木なのだ。このケージからすこし離《はな》れたところに、大きなゴシュユの木があることは、ぼくらも前から知っていた。そこから種子《しゅし》がとんできて、ここで芽《め》をだしたのだろう。もちろん、ゴシュユの芽生《めば》えの葉にも、アゲハチョウの卵《たまご》がみつかった。

こういう「まちがい」にたくさんでくわしてみて、ぼくらは考えた。これは、じつはまちがいではないのだ。いや、ミカン科の木でないものに卵《たまご》が産《う》んであるのだから、やはり

ミカン科の植物であるゴシュユの芽生《めば》えと、ミカンとは何の関係《かんけい》もないニレの芽生《めば》えとが、入りまじって生えていた。アゲハチョウはみごとにまちがえて、ニレの葉にもたくさん卵《たまご》を産《う》みつけた。右側《みぎがわ》のすこし大きな葉がゴシュユ、左側《ひだりがわ》のギザギザの葉がニレ。

まちがいであるにしても、アゲハチョウにとっては、ほかにどうにもしようのない不可抗力《ふかこうりょく》のまちがいではないのか、と。

　つまり、ぼくらの考えたのはこういうことである。アゲハチョウのメスは、まず緑をえらび、次に広葉樹《こうようじゅ》をえらび、さらに食《しょく》草《そう》に似《に》た形・色あいの植物をえらんで、ある植物に近づく。そこで、食草《しょくそう》であるミカン科植物のにおいがしたら、これはまちがいない食草《しょくそう》だとみなして卵《たまご》を産《う》んでしまうのではないか。そして、その食草のにおいは、ほんの二、三〇センチというごく近い距離《きょり》とはいえ、食草《しょくそう》のまわりにほんのりとただよっている。だから、葉の形や色が似《に》ている木のごく近くへ、ミカン科の植物が枝《えだ》をさしだしていたら、そこから発散《はっさん》するにおいがあたりにたちこめているので、アゲハチョウはこれこそ食草《しょくそう》と思いこんで、ちがう植物の葉に卵《たまご》を産《う》んでしまうのではないだろうか。

もしそうなら、アゲハチョウは触角《しょっかく》で食草《しょくそう》のにおいをかいでいるはずである。食草《しょくそう》またはそれに似《に》た植物のところへ飛んできたアゲハチョウは、けっして葉にはとまらず、近くを飛んでいる。おまけに、においはそのまわりにただよっている。そうでなければ、さっきいったような「まちがい」はおこるまい。

それなら、チョウの触角《しょっかく》を切ってみよう。触角《しょっかく》がなければ、においはかげないだろうから、食草《しょくそう》に似《に》たような植物には、なんでもやたらに卵《たまご》を産《う》んでしまうか、さもなくば、最《さい》終的《しゅうてき》な認知《にんち》ができないので、ほんものの食草《しょくそう》にも卵《たまご》を産《う》まないか、そのどちらかになるだろう。

卵《たまご》を産《う》ませる植物としては、カラタチと、それに一見よく似《に》ていてアゲハチョウがカラタチとまちがえるハクチョウゲとをえらんだ。

この実験《じっけん》の結果《けっか》、ぼくらは、なにがなんだかわからなくなってしまったのである。触角《しょっかく》を切られたアゲハチョウのメスは、じつに正確《せいかく》にカラタチだけに卵《たまご》を産《う》んだ。ハクチョウゲとカラタチの枝《えだ》を入りくませておいても、けっしてだまされなかった。ちゃんと触角《しょっかく》のある正常《せいじょう》なメスは、こんなとき、すぐまちがえてしまうのに……。

では、アゲハチョウのメスは、黄と黒の縞《しま》のところへ飛んできたオスと同じように、肢《あし》の先の接触化学覚《せっしょくかがくかく》によって食草《しょくそう》を認知《にんち》しているのだろうか？

じつは、そうでもないらしいのである。それはこんな実験《じっけん》で明らかになった。

ケージの中に五ひきのアゲハチョウのメスを放しておく。えさとしては「えさやり器《き》」に、水でといたハチミツを入れておく。このメスはいずれもすでにオスと交尾《こうび》したものなので、二、三日えさを食べてケージの中を飛びまわっているうちに、おなかの中の卵《たまご》が成《せい》熟《じゅく》し、卵《たまご》を産《う》む衝動《しょうどう》が強まってくる。ところが、ケージの中からは、あらかじめ鉢植《はちう》えのカラタチをはじめ、すべての食草《しょくそう》を全部取りのぞいてあるので、メスは卵《たまご》を産《う》むことができない。

そのような状態《じょうたい》にしておいて、次のような実験《じっけん》をする。一辺《ぺん》四メートルの正方形のケージのどれか一辺《ぺん》をえらび、次ページの図のように、その外側《そとがわ》にカラタチの鉢植《はちう》えをならべ

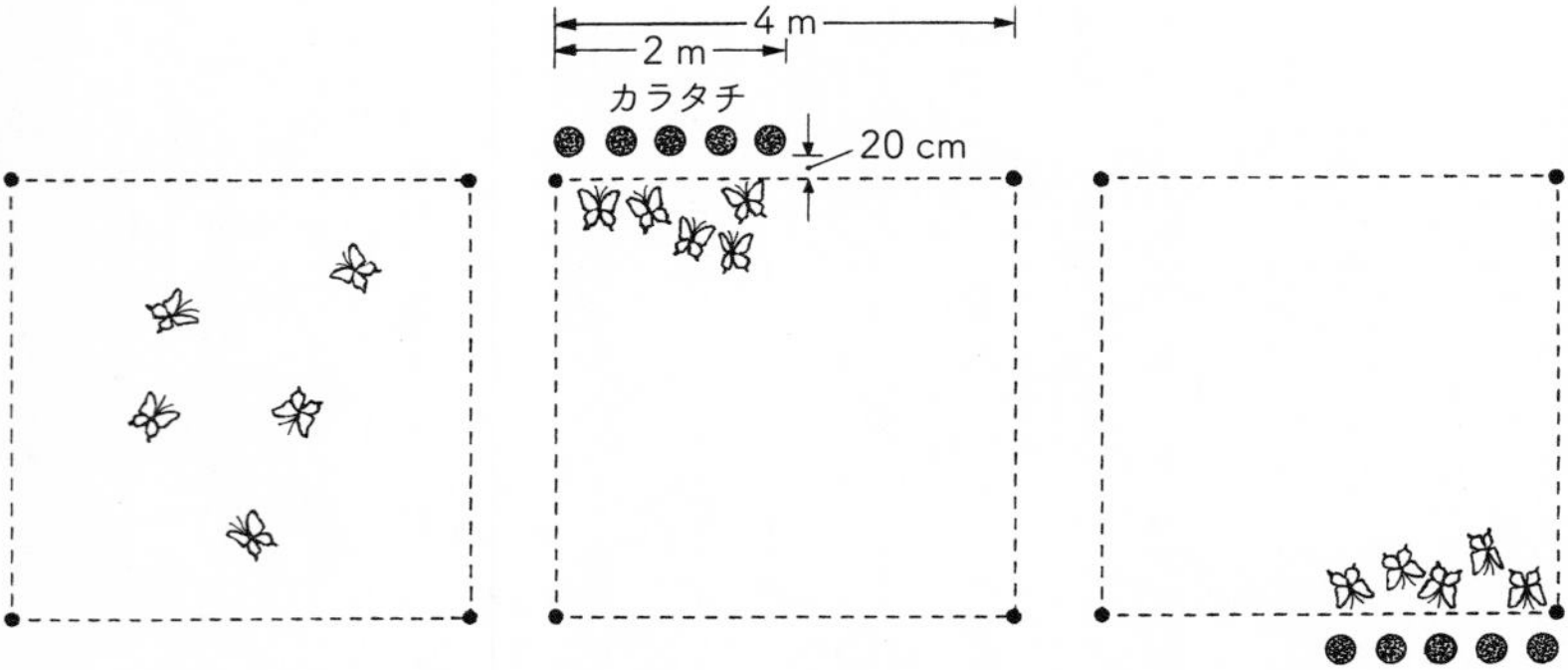

ケージの中のカラタチを全部取《と》り除《のぞ》き(左)、かわりに、ケージの外へカラタチの鉢植《はちう》えをならべる(中央、右)。するとメスのアゲハチョウたちは、その近くの部分に集まってきて、さかんにいきつもどりつする。そのうちに網《あみ》にとまったりしはじめ、ついには網《あみ》に卵《たまご》を産《う》んでしまう。

るのだ。ケージの網《あみ》とカラタチの距離《きょり》は、最初《さいしょ》は二〇センチぐらいにしておく。

　すると、まもなくメスたちは、カラタチのおかれている部分の網《あみ》の前に集まってきて、さかんにそこをいったりきたりする。そのうちに、網《あみ》にとまってみるようになる。そればかりではない。ついに網《あみ》に卵《たまご》を産《う》みはじめる。半日ほどで、三〇〇個《こ》以上《いじょう》の卵《たまご》が産《う》みつけられた。卵《たまご》はカラタチに面した部分の網《あみ》にだけ産《う》みつけられていた。

　次に、カラタチの鉢植《はちう》えをべつの一辺《ぺん》に移動《いどう》する。そうすると、メスたちは、またそこへ集まってきて、今度はここの網《あみ》に卵《たまご》を産《う》みはじめる。カラタチをまた

えさやり器《き》にとまるアゲハチョウ

移動《いどう》すると、メスもそこへ移《うつ》る。

短い時間内にこういう実験《じっけん》をくりかえしてみると、メスがケージのある一辺《ぺん》に集まるのは、まさにそのむこうにカラタチがおかれているからであって、日のさしかたとか、風向きとかのぐあいによるのではないことは明らかであった。カラタチというか、食草《しょくそう》というものは、卵《たまご》を産《う》みたいアゲハチョウのメスにとって、それほどの魅力《みりょく》をもっているのである。

ケージの外のカラタチを、網《あみ》から一メートルの距離《きょり》に離《はな》してしまうと、もうメスはそこへほとんど集まってこなくなった。二メートルも離《はな》すと、メスの反応《はんのう》はまったくなくなった。メスには、もはやカラタチが見えなかったのだろう。

それにしても、アゲハチョウのメスが、ケージの網《あみ》に卵《たまご》を産《う》んでしまったのにはびっくりした。ぼくらははじめ、メスは触角《しょっかく》で食草《しょくそう》のにおいをかぎ、それで卵《たまご》を産《う》むのだと思っていた。そこで触角《しょっかく》を切ってみた。それでもメスはまちがえなかった。だから、肢《あし》の先で食草《しょくそう》の葉にさわって、接触化学覚《せっしょくかがくかく》でたしかめるのかな、と思った。けれど、こうしてカラタチとは二〇センチも離《はな》れた、しかもビニールの網《あみ》にとまって、そこへ卵《たまご》を産《う》んでしまうのを見ると、もはやそうとも考えられなくなる。

さらにぼくらを混乱《こんらん》させることができてきた。この実験《じっけん》をやったのは、青山学院《あおやまがくいん》大学の機《き》械工学科《かいこうがくか》を卒業《そつぎょう》してから、どうしても昆虫《こんちゅう》の研究をしたいといって、ぼくの研究室へくることになった山崎哲雄《やまざきてつお》君であった。

実験《じっけん》はこんなふうにおこなわれた。食草《しょくそう》として、シュウトウ(臭橙《かぶす》)というミカンの一種《いっしゅ》の小さい苗《なえ》を植木鉢《うえきばち》に植え、それを透明《とうめい》なプラスチックの箱の中に密閉《みっぺい》した。中に水蒸気《すいじょうき》

ケージの網《あみ》に卵《たまご》を産《う》もうとしているアゲハチョウ。ケージの網《あみ》の外にあるカラタチが見えたのだろうか？においがただよってきたのだろうか？

ミカン(シュウトウ)の苗《なえ》に透明《とうめい》なプラスチックのケースをかぶせ、水流ポンプで中の空気を吸《す》い出して遠くに捨《す》てた。だから、もうミカンのにおいはしないはずである。だが、それでもアゲハチョウは近寄《ちかよ》ってきて、しきりに卵《たまご》を産《う》もうとした。ケースの右上のところにチョウが飛《と》んでいる。

がたまるのを防《ふせ》ぐためと、食草《しょくそう》のにおいをぬくために、プラスチックの箱の底《そこ》から長いチューブを出し、水流ポンプで排気《はいき》した。排気《はいき》された空気は、チューブで一〇メートルほど離《はな》れたところへ導《みちび》かれ、そこで放出された。

この装置《そうち》をケージの中の高さ一メートル五〇センチの台の上におき、卵《たまご》を産《う》みたがっているアゲハチョウのメスを放した。

メスはすぐプラスチックごしに食草《しょくそう》をみとめ、近寄《ちかよ》ってきた。そして、さかんにプラスチックの箱にぶつかりながら、バタバタやっているのである。

においはしないはずなのに、メスはしきりと食草《しょくそう》に固執《こしつ》した。どうしてなのだろう？目で見るだけでわかるのだろうか？


こういう実験《じっけん》を進めてゆくうちに、とうとう何が何だかわからなくなってしまった。実《じっ》験《けん》の結果《けっか》が、たがいに矛盾《むじゅん》しているのである。

けれど、自然《しぜん》の中では、アゲハチョウのメスたちが、今日もちゃんと食草《しょくそう》をみつけ、卵《たまご》を産《う》んでいる。もう一度彼女《かのじょ》たちの姿《すがた》をじっと眺《なが》めてみることにしよう。そのうちに何か新しい着想が湧《わ》いてくるだろう。それにしたがって、新しい実験《じっけん》を考えだすことにしよう。そうすれば、アゲハチョウのもっている世界のことが、すこしずつわかってくるかもしれない。

あとがき

この本をつくる話がはじまったのは、もう一〇年近く前だった。計画中の「岩波科学の本」というシリーズの一冊《さつ》として、昆虫《こんちゅう》の本がぜひほしいから、ということだった。そのときぼくは、当時研究していたモンシロチョウの行動のことを書くつもりだった。

けれど、このシリーズを発行することがなかなかきまらず、ぼくも忙《いそが》しくてなかなか書きはじめられずにいるうちに、たちまち何年かたってしまった。

ぼくが書きたかったのは、研究で何がわかったかということではなかった。科学の本というのは、たいていは研究のすばらしい成果《せいか》が書いてある。それはすでにできあがってしまったものであって、本にはそれがやさしく(ほんとはそうやさしくも、わかりやすくもないが)、説明《せつめい》してある。そういう本は書きたくなかった。

そうではなくて、ぼくはまだ研究のとちゅうにあることについて書きたかった。いろんな失敗や、ばかばかしいまちがいを書きたかった。研究というものが、けっして本に書いてあるように、すっきりとした理論のうえになりたったすばらしいものではなくて、いかにばかくさい、くだらないものであるかを書きたかったのだ。

ぼくがアゲハチョウとつきあいはじめてから、もう四〇年近くになる。もちろん、その間、アゲハチョウの研究ばかりしていたのではない。モンシロチョウやらアメリカシロヒトリやら、そのほかいろんな虫のこともしらべていたし、ほかの動物の研究もした。もちろん、研究以外《いがい》のことをしていた時間のほうがずっと長い。けれど、ほかの虫を見ているうちに感じたことや、動物の研究以外《いがい》のことで得《え》た感覚《かんかく》が、いつのまにか身につき、そのうえで、あらためてアゲハチョウを見たとき、また新しい研究の進めかたに気づいたりしたことも、ずいぶん多いのだ。いつも「科学、科学」、「研究、研究」、「勉強、勉強」なんていっていたら、人生は灰色《はいいろ》になってしまう。

けれど、ぼくにとっては、いつもアゲハチョウのことが気になっていたし、いかにばかばかしく、くだらないといっても、「きっとこうじゃないか」とか、「今度こそうまくいくぞ」と思いながら実験《じっけん》をしてみるのは、すごくたのしかった。ぼくはそのあたりを書いてみたかった。

そんなわけで、いよいよこの本を書くときになったら、モンシロチョウについては、ぼくとしてはすでにいちおう一段落《いちだんらく》つけた形になっていたので、あまりぼくの趣旨《しゅし》にはそわないことがわかった。むしろそのとき研究をはじめていたアゲハチョウのことを書いたほうが、よほどおもしろく書けそうな気がしてきた。そこで予定を変更《へんこう》して、アゲハチョウということになったのだ。

読んでもらえばわかるとおり、この本に書いてあることは、けっしてぼく一人の力でできたものではない。名前をあげた人々、とくに山下恵子さんの何年にもわたる研究がなかったら、とてもこういうふうには書けなかったろう。

第Ⅲ部で述《の》べたように、ぼくには、まだわからないことがたくさんある。それをまた、これからいろいろとさぐってみるのがたのしみだが、きっとこんな質問《しつもん》がでるだろう。つまり、そんなことをしらべて何の役に立つのか、ということだ。

それには、ぼくはこう答える。ぼくはアゲハチョウという虫の世界を知りたいのだ、と。アゲハチョウはただの虫である。けれど、何十万年もの昔から、今のように毎年毎年あらわれてきて、生きては死んでいった。そのアゲハチョウたちの見ている世界、感じている世界は、もちろんぼくたちの世界とはまるでちがっている。でも、彼《かれ》らに彼《かれ》らなりの世界がないとは思われない。それはどんなものなのだろう。もしそれをすこしでも知ることができたら、ぼくらの自然《しぜん》というものの理解《りかい》が、すこしは深まるかもしれないし、それによって、ぼくら自身のことが、もうすこしわかってくるかもしれない。現代《げんだい》はとくにそういうことが大切であるように、ぼくには思われるのだ。

書いているうちに、あらためていろいろなことを思いだした。ずっと前のことはともかくとして、樋渡さん、白水さん、山下さんたちと、しごとをしていたときの夏の太陽の暑かったこと。午後にはみななかば日射病《にっしゃびょう》みたいになって研究室に帰ってくることがしばしばだった。それに、ストライプ・モデルを思いつくまで、今からみれば、ばかみたいだが、何が何やら見当もつかずに、いろいろなことをしゃにむにやってみていた一年間のつらかったこと。……

はじめのころ、オスの配偶行動《はいぐうこうどう》をひきおこすのが何であるかよくわからず、メスの翅《はね》の動きではないかと考えていたころ、岩波映画《いわなみえいが》の織田浩さんが、みごとな羽ばたきモデルを作ってくださったこと。その後、織田さんが急に亡《な》くなってしまったので、よけいありありと思いだされるのだ。

岩波映画《いわなみえいが》の小山博孝さん、つづいて関戸勇さん、アシスタントの方々は、いつも実験《じっけん》についてきて、すばらしい写真をたくさんとってくださった。そのごく一部しかこの本にのせられなかったのが残念《ざんねん》だ。

東京農工大のみなさんにはいつもお世話になっていたが、農場の渡部直吉先生、通称《つうしょう》なおさんのことは忘《わす》れられない。農工大にアゲハのいないシーズンには、静岡県清水市《しずおかけんしみずし》興津《おきつ》にある農林省園芸試験場《のうりんしょうえんげいしけんじょう》(現在《げんざい》は果樹試験場《かじゅしけんじょう》)興津《おきつ》支場にでかけていった。自由に実験《じっけん》をさせてくださった現支場長奥代重敬さんはじめ虫害《ちゅうがい》研究室のみなさん、とくに坂神泰輔さんに、心から感謝《かんしゃ》している。

おわりに、長年かかった執筆《しっぴつ》の間、ひとかたならぬお世話になった田沼祥子、栗原一郎、堀江鈴子さんはじめ岩波書店の方々と、印刷所、製版所、製本所の方々にあつくお礼を申し上げる。

日高敏隆《ひだかとしたか》

一九七五年一一月　ガの行動をしらべに来た善通寺《ぜんつうじ》にて

エッセイ

『チョウはなぜ飛ぶか』は、一九七五年に出版《しゅっぱん》されました。このとき、日高敏隆《ひだかとしたか》は四五歳《さい》でした。それからも研究生活のかたわら、生きものの世界のふしぎを、わかりやすく、おもしろく、たくさんの人びとに伝えました。

数多くのこされた文章のなかから、子どもの頃《ころ》のことをつづった自伝的《じでんてき》エッセイと、生きものを見つめる大切さを語ったメッセージを紹介《しょうかい》します。

——編集部

思っていたこと　思っていること

1　ずる休み

小学四年生のとき、学校にいくのがいやになった。そのわけはいずれ書くとして、とにかく朝がきたら、おなかが痛《いた》いとか頭が痛《いた》いとかいって学校を休んでしまうのだ。

そのころは「不登校《ふとうこう》」なんていう言葉はなかったから、それは単《たん》なる「ずる休み」だった。

午後になるとこっそり家を出て、近くの原っぱへいく。そして原っぱのすみに生えている木のあたりで虫を探《さが》す。

「あ、いた、いた」。木の枝《えだ》の上を小さな芋虫《いもむし》が歩いている。枝《えだ》の先のほうへむかって、一生けんめい歩いている。

ぼくは思わず聞きたくなった。「お前、どこへいくつもり?」

でも、芋虫《いもむし》はもちろん答えてくれない。

しかたがない。じっと見ているほかはない。

そのうちに、小枝に葉っぱの芽《め》がついていた。

そこまでくると、芋虫《いもむし》はその葉っぱにとりついて、むしゃむしゃ食べはじめた。

「そうだったのか。おまえはこの葉っぱが食べたかったんだね。きっとおなかがすいてたんだ」

それでぼくは、なんだかほっとしたような気分になる。芋虫《いもむし》の気持ちがわかったような気がしたからだ。

芋虫《いもむし》の気持ちがわかったからといって、どうということはない。今思ってみると、ずいぶんつまらないことを考えてたものだ。

でも、そのときのぼくにしてみれば、それはとてもうれしいことだった。

それからあと、ぼくはいつもこんなふうに学校をずる休みして、原っぱへいき、虫をみつけてそのあとを追った。

木の葉っぱでなく、ほかの虫を見つけてそれに近づき、つかまえて食べようとする虫もいた。世の中にはいろんな虫がいるのだなあ。

それ以来《いらい》、ぼくは急に虫たちが好《す》きになった。虫たちの気持ちを知るのが、どんなに楽しいことかわかったからだ。

2　昆虫学《こんちゅうがく》

前回ぼくは、「小学四年生のとき、学校にいくのがいやになった」と書いた。なぜいやになったかというと、先生たちにいじめられたからである。

小学校四年生だったのは一九三九(昭和《しょうわ》十四)年。ぼくら子どもにしてみれば、何が何だかわからないうちに始まった日中戦争《にっちゅうせんそう》が、もうずいぶんはげしくなっていた。だから、そのころの小学校は、いわば、りっぱな兵隊《へいたい》になれる子をつくるための場であった。

ぼくのように体が弱くておくびょうな子は、とてもりっぱな兵隊《へいたい》になれそうもなかった。とくにその小学校は、校長先生をはじめとして、兵隊《へいたい》づくりに熱心《ねっしん》な先生が多かった。

そういう先生たちはぼくを見ると、「お前なんか日本のじゃまだ。早く死んでしまえ」と口々にいうのだった。

ぼくは勉強したいから学校にいってるのだ。とび箱をとぶためにいっているんじゃない。ぼくはくやしくて、毎日そう思いながら我慢《がまん》していたが、そのうちにとうとう、学校にいくのがいやになってしまったのである。

それでこの前書いたように、ぼくは学校をずる休みして、原っぱで虫たちを見ることになった。

虫たちを見るおもしろさに気がついたぼくは、昆虫学者《こんちゅうがくしゃ》になろうと思った。そうしたら、父親にむちゃくちゃにおこられた。「昆虫《こんちゅう》でメシが食えるか！」

けれど新しい担任《たんにん》の米丸《よねまる》先生が父を説得《せっとく》してくれて、ぼくは昆虫学《こんちゅうがく》をやることを許《ゆる》してもらった。

そのとき米丸《よねまる》先生はこういった。

「昆虫学《こんちゅうがく》をやるからといって虫ばかり見ていてはだめだよ。まず本を読まなくちゃ。それには国語が要《い》る。この虫は世界のどこにいるんだろう？　それには地理が要《い》る。いつから日本にいるんだろう？　それには歴史が要《い》る……」

じつに大事なことばだった。

3　動物学という軸《じく》

「昆虫学《こんちゅうがく》だからといって虫ばかり見ていてはだめだよ」という米丸《よねまる》先生の話は、そのとおりだと思った。本を読むために国語が要《い》ることはわかっていたし、世界地理が要《い》ることもわかっていた。でも、日本史《にほんし》まで要《い》るとは思っていなかった。

つまり、何か一つのことをやりたいと思ったら、何でも要《い》るんだということだ。

ぼくは目がさめたような気がした。

ぼくはその後、昆虫《こんちゅう》だけでなく、広く勉強したくなり、動物学をやることにした。そのためには何でも要《い》る。ぼくはそう信じるようになった。

それからは勉強がおもしろくなった。先生に言われたとおり麻布《あざぶ》の笄《こうがい》小学校という学校に移《うつ》り、中学にも入った。けれど、ちょうど戦時中《せんじちゅう》だったので、ぼくらは工場で働《はたら》かされることのほうが多かった。戦争《せんそう》の相手はアメリカやイギリスだったから、英語《えいご》は敵国《てきこく》のことばだ。勉強する必要《ひつよう》はないと世の中では言われていた。でも、英語《えいご》は絶対《ぜったい》に必要《ひつよう》とぼくは思ったので、工場の休み時間には、何人かの友だちと、かくれて英語《えいご》の勉強をした。

中学四年のとき、日本の同盟国《どうめいこく》ドイツが負け、その八月には日本も降伏《こうふく》して戦《せん》争《そう》は終わった。

ドイツは負けたのだからもうドイツ語なんか要《い》らない。みんなにそう言われたけれど、ぼくは独学《どくがく》でドイツ語の勉強を始めた。動物学をやるにはドイツ語が絶《ぜっ》対必要《たいひつよう》だと思ったからである。

英語《えいご》とはまた違《ちが》うドイツ語を勉強しているうちに、外国語を知るのがおもしろくなってきた。それでフランス語、ロシア語の勉強も始めた。

単語《たんご》を覚《おぼ》えるだけでも大変《たいへん》なのに、ぼくはおもしろくてたまらなくなった。必《ひつ》要《よう》だとか必要《ひつよう》でないとかはもう関係《かんけい》なくなっていた。

つまり、いろいろなことを知ること自体がたのしくなったのである。それはぼくが動物学という軸《じく》をもっていたからだ。

4 アゲハチョウ

いろいろなことがおもしろくなったとはいえ、やっぱり気になるのは虫であった。

それも大きなアゲハチョウたち。道ばたをちろちろ飛んでいる小さなシジミチョウやモンシロチョウではなくて、黄色い大きなナミアゲハや子どものぼくには巨大《きょだい》に見えたクロアゲハだった。なぜ気になったかというと、それはこういう大きくてりっぱなチョウたちが、ぼくの手の届《とど》かぬところばかりを飛んでくれるからだった。

どうしてそんな高いところばかり飛ぶんだよ？　もっと低《ひく》いところへ下ってきてくれよ。チョウたちにこう頼《たの》んでも、もちろん聞いてくれるはずはない。しかも、いつもほとんど決まった場所で曲がったり、道路を渡《わた》ったりする。ぼくらが学校へいくときにたいていきまった道を通るように、アゲハチョウたちにもきまった道というものがあるのだろうか？　もしあるとしたら、だれから教わるのだろう？　それとも自分でみつけるのか？　そんなとりとめもないことを、とてもふしぎに思ってしまったのである。

けれど、ぼくが中学校（東京世田谷《せたがや》の成城学園《せいじょうがくえん》）に入ったころには、戦争《せんそう》がひどくなっていて、チョウチョがどこを飛ぶかどころではなくなっていた。中学生も工場で飛行機《ひこうき》作りを手伝《てつだ》えという時代だったのだ。

ぼくがチョウの飛ぶ道を再《ふたた》び調べはじめたのは、戦争《せんそう》が終わってからだった。

それから何年かかったろうか？

千葉県の山の中で友人たちと観察《かんさつ》しているとき、ほとんど偶然《ぐうぜん》のことからやっとわかった。アゲハたちは、日の当たっている木をつたって飛ぶのだということ

が！（編集部注・本書『チョウはなぜ飛ぶか』にくわしく書かれています）

わかってみれば、いともかんたんなことだったが、子どものときからのふしぎが解《と》けたのは、じつにうれしかった。

5 東北での五か月

中学の四年、つまり一九四五（昭和《しょうわ》二十）年の夏の今ごろ、ぼくは秋田県の大館《おおだて》にいた。その年の五月末の空襲《くうしゅう》で東京の家が焼《や》けてしまったので、遠い親せきにあたる大館《おおだて》の石田さんのお世話になることになったのである。

石田さんはいろいろと探《さが》したすえ、当時は町はずれにあったかなり大きな家を借《か》りてくださった。そこでぼくら一家は終戦《しゅうせん》を迎《むか》え、冬の寒さがくる十月まで過《す》ごした。

ぼくにとってはまったく未知《みち》であった東北の大館《おおだて》での約《やく》五か月は、じつに思い出深い時期であった。ぼくはそこでさまざまな新しいことを知り、それが今に至《いた》るまで大切な経験《けいけん》になっている。

ちょうど七月の半《なか》ばごろであったろうか。その日もぼくは、ぼくらが借《か》りていた家のかなり大きな庭で虫たちを観察《かんさつ》していた。ファーブルの昆虫記《こんちゅうき》などで読んだことのあるハチたちがいろいろいて、毎日がおどろきばかりだったからである。

昼ごろぼくはドドドドッという地ひびきを感じた。何だろう、これは？　地震《じしん》ではない。

地ひびきは続《つづ》いた。気になったぼくは、家に入ってラジオをつけた。

ニュースの声が聞こえてきた。「ただ今、アメリカの機動部隊《きどうぶたい》が釜石《かまいし》を艦砲射《かんぽうしゃ》撃中《げきちゅう》です」

ぼくはほんとうにびっくりした。釜石《かまいし》といえば、はるか太平洋岸《たいへいようがん》の岩手県。けれどぼくのいるここは、奥羽《おうう》山脈をこえた日本海側の秋田県。太平洋岸《たいへいようがん》への砲撃《ほうげき》の地ひびきが本州の反対側《がわ》のここまで伝《つた》わってくるのか！

話に聞いていた艦砲射撃《かんぽうしゃげき》のすさまじさが身にしみてわかった。

その年の春、アメリカ軍大機動部隊《ぐんだいきどうぶたい》の艦砲射撃《かんほうしゃげき》を受けた沖縄《おきなわ》は、どれほど悲惨《ひさん》だったことだろう。それを思ってぼくはいたたまれない気持ちになった。

それから一か月ほどで戦争《せんそう》は終わった。けれどあのとき感じた恐《おそ》ろしさは、今も忘《わす》れられないままである。

6 東北弁《べん》（大館弁《おおだてべん》）

中学四年の夏、秋田県の大館《おおだて》にいてほんとうによかったと思うことの一つは、そのときにぼくが東北弁《べん》（大館弁《おおだてべん》）を勉強できたことであった。

六月のはじめ、大館《おおだて》に着いたときには、町の人々のしゃべっていることばがまったくわからなかった。これではいけないと思ったぼくは、中学で英語《えいご》を習うときに覚《おぼ》えた発音記号を使って、人々のしゃべっていることばを書きとめ、それを発音してみて、直してもらった。発音記号を使ったのは、東北弁《べん》の発音がカタカナやひらがなではとてもあらわせないことがすぐわかったからである。

たとえば「そうです」ということを、大館弁《おおだてべん》では「うんだす」とか「んだす」

のようにいう。けれど実際《じっさい》には「うん」でも「ん」でもないし「だす」も「だし」のように聞こえる。しかもほんとうに「し」といっているのではない。

幸いなことに、ぼくが成城《せいじょう》の中学で教わった英語《えいご》の深瀬《ふかせ》先生は、発音にとてもやかましかった。

「Thank you」(ありがとう)を「サンキュー」と発音しようものなら「ああだめです。サンキューのサはSAではありません。THAです。発音記号ではθであらわす音です」。そういって先生は、正しい舌《した》や歯の位置《いち》や息の通しかたを、生《せい》徒《と》に何度も、何度も説明《せつめい》してくれた。

そのことを思いだしながら大館《おおだて》弁《べん》の「んだす」を注意深く聞いてみるうちに、ぼくにもだんだんわかってきた。

それは発音記号であらわせば「ndas」に近い音だった。しかも終わりの〝s〟はただの〝s〟でも〝si〟でもなく、口を「イ」というときの形にした状態《じょうたい》で子《し》音《いん》の〝s〟を発音するのである。ぼくはこの音を示すのに、sの上に点をつけた〝ṡ〟という記号を使うことにした。

こうしてぼくの大館弁《おおだてべん》の勉強はどんどん進んだのであった。

7 方言、学ぶべし

発音記号の助けを借《か》りての勉強で、大館弁《おおだてべん》が少しずつわかってくると、ぼくはこの方言にたちまち深い親しみを感じるようになった。けれど、町の人たちとおぼつかない大館弁《おおだてべん》でしゃべっているぼくを見て、父は笑《わら》っていた。「方言なんて勉強する必要《ひつよう》はないぞ」

ぼくはすごく反発を感じたが、まあじっとだまっていた。

七月だったか八月だったかのある日、父とぼくは山へたきぎを拾いにいった。歩いていく途中《とちゅう》、父はふっとこんなことを言った。「このへんの山には入会権《いりあいけん》というものがあるはずだ。土地の人は山の松《まつ》の枝《えだ》などを取っていく権利《けんり》があるけれど、われわれのような疎開者《そかいしゃ》はよそ者だからこの入会権《いりあいけん》がない。だからたとえ枯《か》れ枝《えだ》でも、松《まつ》の枝《えだ》は絶対《ぜったい》に拾ってはいけない」

むずかしいことを言うなあと思ったけれど、考えてみたら父は大学の法学部卒《そつ》業《ぎょう》だった。だから、しかたないな、とぼくは思い、父にならってトゲだらけのアカシアの枝《えだ》を拾っていった。

そのうち向こうから一人のお百姓《ひゃくしょう》さんがきた。そしていきなり、ぼくらに言った。「まっつこもってねえすかはあ?」

ぼくはすぐわかったが、「松《まつ》を取っているんではないか?」と聞いてしまった。父は、ぶら下げている枯《か》れ枝《えだ》を見せ、「いやちがう。これアカシアの枝《えだ》」と答えた。

お百姓《ひゃくしょう》さんはけげんな顔で言った。「それ何にするすかはあ?」

「これ家へ持って帰ってごはん炊《た》くの」と父。

やっと事情《じじょう》がわかったお百姓《ひゃくしょう》さんは言った。「いやわだす(私《わたし》)はね、たんばこ(たばこ)さ火つけるマッツこ持ってねえすかはあと聞いてるだ」

「あ、マッチですか」

やっとわかった父は、ポケットからマッチを出して差《さ》しだした。

それ見たことか！　ぼくは父に言いたかった。「だから方言の勉強は必要《ひつよう》なんだ」

8　サクランボ

ぼくが中学一年のころは、アメリカ、イギリスなどとの戦争《せんそう》（第二次世界大戦《だいにじせかいたいせん》）が始まってはいたが、学校生活はたのしかった。ぼくが入ったのは、東京の成城《せいじょう》学園《がくえん》の中学校。そのころの制度《せいど》での正式の名は、成城高等学校尋常科《せいじょうこうとうがっこうじんじょうか》であった。

当時は中学校四年と旧制《きゅうせい》高校三年の一貫《いっかん》教育をする七年制《せい》高校というのがたくさんあり、成城《せいじょう》高校もその一つだった。

学校のあった成城町《せいじょうまち》は今の世田谷区《せたがやく》のはずれにあり、緑ゆたかな郊外《こうがい》だった。中学も高校も校舎《こうしゃ》は木造《もくぞう》。中学はとくに古い平屋《ひらや》づくりだった。

キャンパスは川に接《せっ》していて、川につながる大きな池もあり、ほとんど自然《しぜん》のままだった。

サクラの木もあちこちにたくさんあった。その中の何本かはたぶんヤマザクラだったのだろう、花も終わって五月ごろになると、それらの木には小さいながらサクランボがたくさん実った。

戦争《せんそう》のために食料《しょくりょう》がなくなり始め、米もみそも油も配給制《はいきゅうせい》になっていて、自由に買える時代ではなかった。おなかのすいた中学生のぼくらは、昼休みになると、そういうサクラの木に登って、野生《やせい》のサクランボをむさぼって食べた。果物《くだもの》のサクランボとは大ちがいで、実はこい紫色《むらさき》。甘《あま》ずっぱい味は濃厚《のうこう》で、おいしかった。

けれど、手にも口にも実の紫色《むらさき》がつき、午後からの授業《じゅぎょう》には、みんな口のまわりを紫色《むらさき》にして席《せき》にすわっていた。入ってきた先生から「何だ、君たちはみんなまるでお化けみたいだな」と何度いわれたかわからない。

でも、ぼくらはそのサクランボをじつにおいしいと思っていた。なつかしい思い出である。

今はサクラはみんなソメイヨシノになってしまった。ソメイヨシノは花はとてもきれいだが、かけあわせで作った品種《ひんしゅ》なので実がならない。口を紫色《むらさき》にしてサクランボをほおばるたのしみも遠い昔のことになった。

9　ヘビとガマ

成城《せいじょう》の中学生だったころは、ほんとによくいたずらをしたものだ。

ある日の昼休み、池のあたりを歩いていたら、ガマガエルを一匹《ぴき》見つけた。ぼくはそのガマをもって教室に戻《もど》った。そこへ同級生の一人がヘビをつかまえてもってきた。

それを見たクラス委員のO君はいった。「教卓《きょうたく》の上にその二匹置《ひきお》いてみよう！」

ぼくがガマを、同級生がヘビを教卓《きょうたく》の上に置《お》くと、なんと、ヘビがガマにしっかり巻《ま》きついてしまった。そしてそのまま二匹《ひき》とも動かない。

これはおもしろいことになったと、みんな大喜《よろこ》び。そこへさらにクラス委員から の命令《めいれい》だ。「上から新聞紙かけて、かくしておけ。先生がきて、何ですか、これは？　といって紙をどけてびっくりするぞ！」

早速《さっそく》、みんなちゃんと席《せき》に着き、先生がくるのを今か今かとかたずをのんで待った。そういう時はシーンと静《しず》かになるものだ。ぼくたちは先生がおどろく顔を想像《そうぞう》して、期待《きたい》にあふれて待っていた。

やがて入り口のドアをあけて先生が入ってきた。「なんだ？　今日はばかに静《しず》かだなあ」

さあ、どんなことがおこるのか？

ところが先生が教卓《きょうたく》のところにくる前に、入り口からの風で新聞紙が飛んでしまった。ヘビとガマを見て先生は仰天《ぎょうてん》した。「クラス委員、どけなさい！」

「猛毒《もうどく》のヘビだからいやです」とクラス委員。

「どけなさい！　どけなさい！」と先生はいきりたつ。

クラス委員はぞうきんを二、三枚《まい》手に巻《ま》いて、「じゃあ決死《けっし》のかくごでやります」と二匹《ひき》を床にはらい落とした。

先生は授業《じゅぎょう》を始めたが、ヘビが気になってしかたがない。とうとう「これでは授業《じゅぎょう》はできません」といって帰っていってしまった。

「ばんざーい。やったぞ」。クラス委員を囲《かこ》んでぼくらは歓声《かんせい》をあげた。

10 ヘビとガマ 2

ヘビとガマのいたずらは少々どぎつすぎたかもしれなかったが、工場への勤労《きんろう》動員《どういん》があまりなかった中一、中二のころと、戦争《せんそう》が終わった中四の最後には、ずいぶん工夫していろいろないたずらをした。

ドアに剣道《けんどう》の竹刀《しない》の竹をとりつけ、先生がドアをあけようとすると自動的《じどうてき》に閉《し》まってしまう「ドア・エンジン」をつくったこともあった。もう少し複雑《ふくざつ》なしかけをして、ドアをあけると剝製《はくせい》の大きなワニがずるずるっとはい出てくる、なんていうのも作った。

先生たちもべつに怒《おこ》らず、ハハハと笑《わら》って「ぼくらも昔はよくやったもんだ」といってその話を始め、とうとう授業《じゅぎょう》が全部つぶれてしまうこともあった。それもうれしかったが、先生の昔を知ると、よけいに親しみが増《ま》し、授業《じゅぎょう》が楽しみになるのだった。

大学を卒業《そつぎょう》して成城《せいじょう》の新制《しんせい》高校の先生をすることになったら、今度はぼくがいたずらをされる身になった。

ある日授業《じゅぎょう》にいくと、教卓《きょうたく》の上に学内からとってきた野生《やせい》のキクなどが、二、三本おいてある。何の草だったかもうおぼえていないけれど、とにかく生物の授業《じゅぎょう》なのだから、その草にまつわる話を十五分ばかりした。生徒《せいと》もけっこうおもしろがって聞いてくれた。

さて翌週《よくしゅう》のその時間。いってみると、教卓《きょうたく》の上には学内のどこから集めてきたのか、さまざまな野草が山のように積《つ》んである。先週で味をしめたな、と思ったが、まあいいや、乗ってやろう。ぼくはその草を一本ずつとって、「これはたぶん何とかという草だろう。よくみつけたな、どこにあった?」などといいながら、知っていることをしゃべりだした。「昔ぼくが中学のときにねえ」とか、「そういえば成城《せいじょう》の生物部でさあ」などという話も織《お》りまぜて。

その日の授業《じゅぎょう》は全部つぶれてしまい、生徒《せいと》たちは大喜《よろこ》びだった。

11 英語《えいご》の発音

いたずらの話がつづいてしまったが、いたずらばかりしていたわけではない。ちゃんと中学の勉強もしていた。

数学は因数分解《いんすうぶんかい》がおもしろかった。どんどん解《と》けて、先生にほめられるのがうれしかった。

でも学年が変《か》わって先生も変《か》わったら、なぜか急に数学ができなくなり、きらいになってしまった。

勉強とか成績《せいせき》なんてそんなものだと、今では思っている。

英語《えいご》は二人の先生に教わったが、ぼくは深瀬《ふかせ》先生の授業《じゅぎょう》が好《す》きだった。

今は小学生でもローマ字を平気で読んだり、書いたりしているが、ぼくが中学生のころは、イギリス、アメリカを相手にした戦争中《せんそうちゅう》。英語《えいご》は敵国《てきこく》のことばだし、ローマ字なんて、日ごろ書いたこともなかった。

深瀬《ふかせ》先生は、発音にとてもうるさかった。Hをエッチなどと読むと、とたんに「エッチ？　ああだめです。エイチです」としかられた。

文章のはじめの「The」も、いつも問題になった。先生は毎時間、英語《えいご》の教科書を生徒《せいと》に読ませる。あてられた生徒《せいと》は、教えられたとおりに一生けんめいに発音しようとする。

けれど先生はじつにきびしい。「The book is」を「ザ・ブック・イズ」と読むと、「ああだめです。ザではありません、舌の先を前歯の間から出して」と直される。でもそんな音なんか出せない。

あるとき生徒《せいと》が一月(January)をジャニュアリーと読んだ。とたんに先生はいう。「ジャニュアリー？　ああだめです。ジャンニュア・ルイ」

授業《じゅぎょう》のあとその生徒《せいと》がくやしそうにいった。「深瀬《ふかせ》って、感じワリーな」。すかさずだれかがまぜかえした。「カンジワリー？　ああだめです。カンジュワ・ルイ」。その日から深瀬《ふかせ》先生のあだ名は「かんじゅわ・るい」になってしまった。

12 the の発音

「かんじゅわ・るい」の深瀬《ふかせ》先生はたしかにきびしかったが、この先生の授業《じゅぎょう》はじつに大切なことを教えてくれた。

それは英語《えいご》の発音のことだった。たとえば「the」というのを発音するときはどうしたらよいか？ たいていは仮名《かな》でザと書いてあるし、たしかにそう聞こえるから、それをまねして「ザ」と発音する。けれどこれではいけないのだ。

辞書《じしょ》には発音記号で「ðə」と書いてある。この発音記号の説明《せつめい》にしたがって、上下の前歯の先に舌《した》の先を軽くはさみ、そのまま声を出す。すると、ズーというような音が出る。これが「ðə」の音なのだ。そこでそのまま口を開いてアと言えば、自然《しぜん》に「ð」の音になる。

これは日本語にはない音だから、いくら口を曲げたりしてザと言ってみても、絶対《ぜったい》に出せない。

laというのも同じである。まず上の前歯の根もとに舌《した》の先をしっかり押《お》しつける。そしてそのまま声を出すと、ウーというような音が出る。そこで口を開きながらアと言えば、自然《しぜん》にlaの音になるのだ。

むりにラと言おうとしてはいけない。そんなことをすると、英語《えいご》のlaでもraでもない、日本語独特《どくとく》のラになってしまうのである。

深瀬《ふかせ》先生は授業《じゅぎょう》のとき、こういうことをしっかり教えてくださった。もちろん聞いていない生徒もいた。でもぼくはなぜか感動した。「音のまねをしては絶対《ぜったい》にいけない。口の中のどこをどう動かすのかを、ちゃんとおぼえなさい」

それは英語《えいご》だけの話ではない。どんなことばでも同じなのだ。

その後ぼくは、いろいろなことばを勉強した。ドイツ語、ロシア語、モンゴル語、マレーシア語……。前に書いた秋田の大館弁《おおだてべん》もその一つだ。本格的《ほんかくてき》な勉強ではなくて、ただかじっただけだったが、いつも発音だけはほめられた。それはとてもうれしいことだった。

13　科学する心

英語《えいご》の発音の勉強とちがって、全然《ぜんぜん》おもしろくない授業《じゅぎょう》もあった。その一つがぼくの好《す》きな「生物」の授業《じゅぎょう》だった。

どうやらその年から理科の教えかた(文部省《もんぶしょう》の学習指導要領《しどうようりょう》)が変《か》わったらしい。「生物」もそれまでのように「記憶《きおく》するもの」でなくて、「もっと科学的《かがくてき》なもの」にせよということになったのだそうだ。

「科学的《かがくてき》」というのは「実験的《じっけんてき》」「数量的《すうりょうてき》」にすることらしく、中学一年の「生物」の教科書は、キンギョの呼吸《こきゅう》を測《はか》る実験《じっけん》からはじまるようになっていた。授《じゅ》業《ぎょう》はふつうの教室ではなくて、生物実験室《じっけんしつ》でやる。一匹《ぴき》のキンギョの入ったガラスのフラスコが、机《つくえ》ごとにくばられた。

そして生徒《せいと》はストップウオッチを手にもって、キンギョのえらぶたの動きを数えるのである。

次にそのフラスコを温めていく。アルコールランプに火をつけて、その上にフラスコをのせ、キンギョの入った水の温度を上げていくのだ。そして、フラスコに入れてある温度計で、そのときの水の温度を記録《きろく》しながら、キンギョのえらぶたの動きの回数をしらべていくのである。

水の温度が上がっていくと、えらぶたの動きは速くなる。

そういうデータをとって、それをグラフ用紙に記入し、温度と呼吸数《こきゅうすう》のグラフを作る。これが生物の授業《じゅぎょう》だった。

ぼくはちっともおもしろくなかった。グラフを作るためにやっているだけじゃないか！　キンギョだって苦しそうだ。ぼくは「生物」がきらいになってしまった。

「生物」の先生もちっともおもしろくなさそうだった。そう教えろといわれるから、しかたなくそう教えている、というふうだった。

後で聞くと、だれか偉《えら》い人が、学校では「科学する心」を教えなくてはいけないと言ったとか。今もぼくは「科学する心」ということばが大きらいである。

14　生物に出会う

ぼくが成城《せいじょう》の中学四年生だった一九四五年の八月まで、日本は太平洋戦争《たいへいようせんそう》のさ中だった。

飛行機が足りない、軍艦《ぐんかん》も足りないというので、ぼくら中学生たちもみな工場に動員され、工場で働《はたら》いた。中学三年になると、ぼくらは毎日工場に通い、学校にいくのは月に一日か二日ぐらいの登校日だけだった。

それまで見たこともなかった旋盤《せんばん》のような機械《きかい》を使って、鉄の部品をけずったり切ったりするのは、おもしろいというより恐《おそ》ろしかった。なんだか不安で落ち着かない毎日だった。

けれどある日、ぼくは同級生といっしょに、工場の読書室というところへいってみた。

そのころのことだから、今のマンガとか週刊誌《しゅうかんし》のようなものはもちろんない。

でもごく最近に出版《しゅっぱん》された、作りはそまつながらむずかしそうな本も何冊《なんさつ》かあった。

ぼくはその一冊《さつ》を手にとってみた。それは『生物から見た世界』という本で、あるドイツ人の動物学者が書いた専門書《せんもんしょ》の翻訳《ほんやく》だった。

生物の本だからと思ってぱらぱらめくってみると、なんだかふしぎなことが書いてある。

木の枝《えだ》にとまっているダニは、まるで眠《ねむ》ったようにじっとしていて、まわりの木の葉も花も見ていないが、木の下をけものが通るとすぐさまそのにおいに気づき、いきなりその上に落ちる。そしてそのけものの血を吸《す》うのだ。

ダニにとっては木の葉も花も小鳥の声も何一つ無《な》いにひとしい。けもののにおいがするかしないかだけが、このダニにとっての「世界」なのだというのである。

こんなことは考えたこともなかった。

これが有名なユクスキュルという人の『環世《かんせ》界《かい》』の本だったことを、ずっとのちになってぼくは知った。ただただ不安だった工場で、ぼくはとても大切なことを学んだのである。

15　苦手な人も必要《ひつよう》なんだ

中学生のころもいろんなことを考えていた。

いたずらやサクランボのことばかり考えていたわけではなかった。

では今ぼくは何を思っているのだろう？

ひと口でかんたんにいってしまえば、人間にはまわりにいろんな人が必要《ひつよう》なのではないかということだ。

中学のとき、同じクラスにも他のクラスにも、いやなやつがいた。だからなるべく顔も合わさないようにしていたこともある。いやな先生もいた。そういう先生の授業《じゅぎょう》は肌《はだ》が合わないので成績《せいせき》も悪く、だからよけいいやになった。

でも今になって考えると、それもそれで大切なことだったような気になってくる。

今ごろなぜそんなふうに思うようになったかというと、人間が何万年、何十万年という大昔、アフリカというこわい土地で、どうして生きのびてこられたかをじっと考えてみたからだ。

人間には石を投げるくらいしか武器《ぶき》がない。だから人間は何百人もの集団《しゅうだん》になって、身を守り、食物を手に入れていたのだろう。

そういう人たちは、夜には大きな洞穴《ほらあな》に集まって寝《ね》ていたのだろう。子どもたちもそこで育った。

すると、子どもたちのまわりには、いろんな人たちがいたはずだ。

自分の親だけでなく、いろんなおじさん、おばさん、兄さん、姉さん。それにおじいさん、おばあさんもいた。

キャラクターはみんなちがうし、することもちがう。それがおもしろかったし、ときには思いつきのヒントになった。

いやな人もいたが、大きくなってもあんな人にはなるまいと思ってがまんした。

どうも人間とは、大昔からそうやって育ってきたらしい。そしてそれでこそ、世の中のことがいろいろわかるようになる動物なのではないか？
今ぼくはそんなことを思っている。

（二〇〇五〜二〇〇六年）

今なぜナチュラル・ヒストリーか？

考えてみると、科学も技術《ぎじゅつ》もずいぶん進歩したものだ。昔は想像《そうぞう》もつかなかったような遺伝子《いでんし》のこともわかってきた。昔は思いもしなかったケータイ電話やパソコンを、子どもたちや学生が使いまくっている。何気《なにげ》なくテレビのスイッチを入れれば、世界中の動物や植物のめずらしい映像《えいぞう》が流れてくる。生物学も進んだものだ。

けれど、もう少しよく思い出してみると、昔の生物学はかなり変《へん》なことを考えていた。

それは次のようなことだった。

——生きものの体は「細胞《さいぼう》」というものからできている。それは動物でも植物でもおんなじだ。ゾウでも虫でも草でも木でも、そして顕微鏡《けんびきょう》でしか見ることのできない細菌《さいきん》でも、体はみんな細胞《さいぼう》からできている。そしてその細胞《さいぼう》が生きているから、ゾウも虫も草木も細菌《さいきん》も生きているのだ。

生物学というのは、「生きているとはどういうことか」を研究する学問である。生きているのは細胞《さいぼう》なのだから、生物学は動物とか植物ではなくて、細胞《さいぼう》の研究をするべきなのだ。世の中にはいろいろな動物がいるし、さまざまな植物があるけれども、生きているという点ではみな同じなのだから——。

ぼくらは学校でそのように教わった。だから中学でも高校でも大学でも、「生物」の授業《じゅぎょう》は「細胞《さいぼう》」から始まった。もちろん教科書もそうなっていた。ぼくらが目にしているイヌやネコや花の話はまったくなく、いきなり顕微鏡《けんびきょう》で細胞《さいぼう》を見せられた。

生物学が進歩するにつれて、学校で習うこともどんどんむずかしくなった。むずかしい理屈《りくつ》の好《す》きな人はべつにして、みんな「生物」がきらいになった。ぼくも「生物」がきらいになった。けれどぼくは虫は好《す》きだった。原っぱで小さないもむしを見ると、「お前、何を探《さが》しているの？　何のために？」と聞きたい気持ちは変《か》わることがなかった。

そんなぼくに「生物」の先生たちはいった。「そんなこと学問以前《いぜん》だよ。生物学とは生きているしくみを知ることなのだ」

そのたびにぼくはがっかりしたが、「何を？　何のために？」と問うことはやめなかった。

そんな時代が三〇年ほどもつづいたろうか？　世界の生物学は少しずつ変《か》わっていった。

何がどう変《か》わったのか？

それは、動物であれ、植物であれ、生きものたちが生きていることに変《か》わりはないが、その「生きかた」はじつにさまざまだということが、実感としてわかってきたからである。

早い話が生きていくための栄養《えいよう》だ。草木のような緑色植物《りょくしょくしょくぶつ》は、空気中の二酸化炭素《にさんかたんそ》を葉っぱから吸い、太陽の光でそれを栄養《えいよう》に変《か》え、それで体をつくって育っていく。

一方、動物はその草木を食物として口から食べる。生きている点では同じでも、生きかたがまったくちがう。これをみんな同じだと考えたら、それこそ学問にはならない！

生きものが生きているのは、自分の子孫《しそん》を残《のこ》すためだということも、長い間の議論《ぎろん》のすえ、だれもが認《みと》めるようになった。けれど、その子孫《しそん》の残《のこ》しかたも、これまたじつにさまざまなのである。

卵《たまご》を産《う》む動物もあれば、苦労《くろう》して赤んぼを産《う》む動物もいる。生まれた子を親が育てるのもあれば、昆虫《こんちゅう》のように自分一人で育っていける動物もある。

小さな種子《しゅし》をばらまく植物もあれば、りっぱな果実《かじつ》をつくる植物もある。果実《かじつ》をつくる植物は、それを鳥に食べてもらい、腸《ちょう》を通った種子《しゅし》を糞《ふん》とともにばらまいてもらうことが多い。そういう植物は、果実《かじつ》の中の種子《しゅし》が熟《じゅく》すまでは、果実《かじつ》は緑色で鳥の目につかず、種子《しゅし》が熟《じゅく》したら赤くおいしくなって、鳥が食べてくれるようにしている。アフリカには、果実《かじつ》がゾウに食べられないと種子《しゅし》が芽《め》を出せないという植物もあるそうだ。

一事《いちじ》が万事《ばんじ》このとおりで、生きものたちの生きかたは、生きものの種類《しゅるい》がちがえばみなちがうといってもよい。それぞれに自分の生きかた、子孫《しそん》の残《のこ》しかたがあるのである。

これは、ある目的を達《たっ》するために、どのようにしてそれをするかという「戦《せん》略《りゃく》」の問題である。生きて子孫《しそん》を残《のこ》すためには、じつにおどろくほどさまざまな戦略《せんりゃく》があるのだ。

生きものたちのこの戦略《せんりゃく》、つまりそれぞれの生きかたを知ろうとするのが現代《げんだい》のナチュラル・ヒストリーである。ナチュラル・ヒストリー的《てき》なものの見方こそ、今もっとも大切なことなのだ。当然《とうぜん》ながら、そこにはわれわれ人間自身のナチュラル・ヒストリーもふくまれている。

（二〇〇六年）

「なぜ」の発見

舘野《たての》 鴻《ひろし》
（画家・絵本作家）

チョウはなぜ飛《と》ぶか――。まず、この疑問《ぎもん》を発見したことがすごい。漫然《まんぜん》とチョウが飛ぶすがたを見ていてもそんなことには気がつかないからだ。この発見は、日高少年にとって壮大《そうだい》な探究《たんきゅう》の旅の入り口となり、その後の人生を決定づけたように思う。少年は、チョウを追えば追うほど新たな「なぜ」にぶつかり、あの手この手でそのなぞに立ちむかう。そして、たくさんの失敗《しっぱい》までも味方につけて、その理由に接近《せっきん》してゆく。少年はいつしか動物行動学者となって、チョウを追っていた。

本書を読めば、なぜアゲハチョウがそのように飛ぶのか、わたしたちも知ることができる。ところが、実際《じっさい》にこの実験《じっけん》や研究を行なったのは日高先生たちだ。彼《かれ》らが照《て》りつける日《ひ》ざしのもとで汗《あせ》をかきつつチョウを追いかけ、実験《じっけん》して見たことや知ったことを、わたしたちはあくまで情報《じょうほう》として得《え》ただけなのだ。この本に書いてあることを、実感を持って知りたいと思うなら、日高先生と同じように野にでてチョウを見つけ、自分の眼《め》でたしかめなくてはならない。しかし、同じものを見ても感じることはみんなちがうし、そこで生まれてくる「なぜ」もすこしずつちがうはずだ。

日高先生は、生きものの感じている世界を知ろうとして、彼《かれ》らに歩《あゆ》みよりつづけた。そして、たとえばアゲハチョウやモンシロチョウがわたしたちと同じように世界を感じたり、見たりしているわけではないことをつきとめた。生きものは種《しゅ》それぞれに特有《とくゆう》の感覚《かんかく》世界を持っていて、彼らが見ている世界と、人間が見ている世界はまったくちがう。（これは日高先生が中学生の時に出会い、大人になってから翻訳《ほんやく》した、ユクスキュルという生物学者の本『生物から見た世界』で書かれた「環世界《かんせかい》」の概念《がいねん》だ。）虫たちはこの世界をどう見ているのか？　人間に虫の気持ちはわかるのか？　わたしたちは、自然《しぜん》のことをわからないからこそ「なぜ」とふしぎに思い、どうにかしてわかろうとする。この「なぜ」の発見こそが大切なのだと、日高先生は本書で終始投げかけているように思う。

わたしが日《ひ》頃《ごろ》接《せっ》している生きもの好《ず》きの子どもたちは、たくさんの図鑑《ずかん》を丸暗記していたり、びっくりするほどの知識《ちしき》を持っていて、彼《かれ》らの間ではハイレベルな会話が飛びかっている。子どもたちの好奇心《こうきしん》や好《す》きなものに対する集中力にはおどろくばかりで、没頭《ぼっとう》する彼《かれ》らのすがたを見るのは、たのもしくうれしい。ところが、彼《かれ》らをつれて野へでかけると、なかなか歩みを進めない子どももいる。リアルな生きものはこわくて苦手なようで、ちょっとしたことでも悲鳴をあげる。もちろん未知《みち》なものを警戒《けいかい》するのは、自分の身を守るためには大切なことだ。でも、図鑑《ずかん》で「知っている」ことと、実際《じっさい》にその生きものに出会い、ふれてわかることはまったくちがう。自分の体を通して見つけたことは、自分だけの輝《かがや》かしい発見だ。すでに知られていたり、当たりまえのことであってもいい。たしかな手ごたえで自らつかんだ情報《じょうほう》はそのひとの知識《ちしき》となり、血肉となる。そこから、新しい世界が見えてくる。なぞを全身にはらんだ生きものにふれる体験《たいけん》は「なぜ」を発見する絶好《ぜっこう》のチャンスなのだ。勇気《ゆうき》を出して「なぜ」の世界に分け入ってみれば、また新たな「なぜ」が湧《わ》きだしてくる。「なぜ」が「なぜ」をよぶ。「なぜ」を発見することはむずかしいことではない。

今やインターネットの検索《けんさく》などでだれでも手軽に同じような情報《じょうほう》を得《え》ることができる。しかし、そこにある膨大《ぼうだい》な答えらしきものは、だれかが調べたことであり、しかも一面的《いちめんてき》だ。本当は、その情報には発見にいたる「物語」がある。あふれかえる他人の情報の渦の中で、子どもも大人も物語の発見の機会《きかい》をうばわれているように思えてならない。

わたしは今、うんこを食べるコガネムシの生態《せいたい》を調べていて、もう四年目になる。春から秋は毎日うんこまみれの生活である。わたしは絵描《えか》きで、学者でも研究者でもない。なぜこんなことをしているかというと、虫の絵本を作るためだ。絵本には「物語」が必要《ひつよう》だ。虫が主人公の絵本だと、人間の世界を虫に重ねて擬人化《ぎじんか》し、現実《げんじつ》にはありえないファンタジーになるものも多い。それも絵本のあり方のひとつだが、わたしは生きものの世界をありのままに描《えが》こうとしている。その場合、自分の想像《そうぞう》だけでは描《えが》けない。わたしの絵本の物語は、対象《たいしょう》の生きものをしつこく追いかけることでしか生まれてこない。

このうんこ虫はオオセンチコガネという名前がつけられている。うんこを食べるくせにキラキラとかがやき、丸っこくて美しい愛《あい》らしい虫だ。比較的《ひかくてき》有名な虫にもかかわらずくわしい暮《く》らしぶりがわかっておらず、そのなぞをさぐっている。毎年現《あらわ》れる虫は、どこかで生まれて喰《く》って成長《せいちょう》して今ここにいるのだから、その虫が暮《く》らしてきた事実は必《かなら》ずあるわけで、わたしにそれが見えていないだけなのだ。この事実をたしかめずにわかったふりをして描《えが》いていてはオオセンチコガネに申《もう》しわけが立たない。とはいえ、これをさぐりあてるのはなかなかむずかしくて、目下失敗《しっぱい》の連続《れんぞく》である。しかし生態《せいたい》がわかったからといってもすぐに絵本にはならない。わたしは昆虫《こんちゅう》の暮《く》らしの説明書《せつめいしょ》を作ろうとしているわけではない。虫の生きざまを通して、わたしたち人間のありようが見えるような絵本を描《えが》きたいのだ。わたしはこの虫だけでなく、うんこをした動物、うんこに集まるたくさんの仲《なか》間《ま》、彼《かれ》らをつつむ環境《かんきょう》、関係《かんけい》、時間、それを見ているわたしたち。たくさんのことをもっともっと知りたいし描《えが》きたい。そして、うんこがこの世界に欠《か》かせない大切な循環資源《じゅんかんしげん》であることを伝《つた》えたい。

オオセンチコガネを観察《かんさつ》しているうちに、生態《せいたい》がわかったり、命のドラマを目撃《もくげき》したりしたとしても、それはわたしひとりが見たこと、感じたことにすぎない。このうんこワールドに興味《きょうみ》なんてないひともいれば、同じ虫を観察《かんさつ》してちがう結果《けっか》を見つけるひともいる。ひとの数だけものの見方もある。まったく自然《しぜん》はつかみどころがない。だからわたしは、虫や野生生物の生きざまの向こうに見える普遍性《ふへんせい》をさぐり、それをどうにか表現《ひょうげん》したい。自然《しぜん》のことなど死ぬまでわからないと思っているが、そこに立ち向かう。なぜ立ち向かうのか、それは次から次へと湧《わ》きだしてくる「なぜ」を追いかけるのが楽しいからだ。

日高先生の言葉は、すんなりと体にしみこんでくる。学者である日高先生はもちろん論《ろん》文《ぶん》を書かれるが、わたしたちが手に取る本では専門用語《せんもん》もわかりやすく教えてくれるし、「なぜ」から「発見」にいたる物語があり、主人公、日高敏隆の探究《たんきゅう》の旅に自然《しぜん》と入りこむことができる。こうして、わたしたちも本を通して、尊敬《そんけい》すべき研究者たちが積《つ》みかさねてきた自然科学《しぜんかがく》の恩恵《おんけい》を受けられる。だれにでもわかりやすく伝《つた》えるのはかんたんなことではない。たくさんの人に伝《つた》えようとすれば、相当の苦心が必要《ひつよう》になってくる。

自然《しぜん》をどう見るか、世界をどう見て、どう理解《りかい》するか、そしてどう伝《つた》えるか。これは科学だけでなく、美術《びじゅつ》や文学、そして絵本でも同じ課題《かだい》だ。絵本は科学、美術《びじゅつ》、文学を配合することができる。そう考えてわたしは絵本を作っている。

野生生物をながめているといつも、おどろくべき生きものたちの関係性《かんけいせい》や歴史《れきし》が見えてくる。そして、なぜわたしは今ここに生きているのかという思いにいたる。生きものの暮《く》らしを見つめるなかで感じるたくさんのことを、どう描《えが》けば伝《つた》わるのか、考え、迷《まよ》いながら筆を重ねているが、これでよいかどうかは、いまだにわからない。

そんなふうにわたしがやっていることも日高先生の言葉に強く支《ささ》えられている。自然《しぜん》のながめ方を日高先生は教えてくれる。虫をこうだと決めつけず、あるがままに虫を見る。そこに探究《たんきゅう》の道筋《みちすじ》がふっと現《あらわ》れて、未知《みち》の世界へと歩《あゆ》みを進める。ひとつ結論《けつろん》が出たからといって、虫の世界をわかった気になってはいけない。自然界《しぜんかい》のできごとはいつも人の想定を超《こ》えてくる。べつの条件下《じょうけんか》で観察《かんさつ》すれば、まったくちがう振《ふ》るまいもするし、予想した結果《けっか》にならないこともよくある。そもそも想定の外も含《ふく》めたものが自然《しぜん》なのだ。自然《しぜん》のなぞに近づくことはできても、真実はすぐさまどこかへ身をかくしてしまう。そしてまた近づいてみる。いつまでたってもそのくりかえしで、終わりはないけれど、それでいいのではないだろうか。結果《けっか》は出なくても、今やってみるほうが大切だし、わからないことがあるのは、とてもゆたかなことだと思うから。

虫は全身になぞをかかえ、わたしたちを夢中《むちゅう》にさせる。虫はなにかを教えてくれるわけでもなくあるがままにそこにいる。そんな無垢《むく》でいさぎよく勇敢《ゆうかん》な虫をながめつづけているると、いつしかわたしたち人間のすがたが見えてくる。本書はチョウのことを書いているようで、日高先生ご本人のことを、そして人間のことを書いているようにわたしは思う。

この本の表紙には、羽化《うか》したばかりのアゲハチョウを描《えが》いた。このアゲハチョウはまだ一度も空を飛んでいない。これからはじめて空を飛ぶ。日高少年が「なぜ」を発見したアゲハチョウかもしれないし、若《わか》い君たちそのものかもしれない。日高先生の言葉が、みなさんの「なぜ」を発見する原動力になることを願《ねが》っている。

二〇二〇年二月

出典一覧

チョウはなぜ飛ぶか

『チョウはなぜ飛ぶか』岩波科学の本16、一九七五年、岩波書店
『チョウはなぜ飛ぶか　新版』高校生に贈る生物学3、一九九八年、岩波書店
（この新版を底本としました）

エッセイ

「思っていたこと　思っていること」『動物は何を見ているか』二〇一三年、青土社
「今なぜナチュラル・ヒストリーか？」『ぼくの世界博物誌』二〇〇六年、玉川大学出版部
（各エッセイの末尾に、初出の年を記しました）

付記

・読みやすさを考え、一部の漢字をひらがなに変え、ふりがなをふりました。
・エッセイの選定は、日高喜久子さん、舘野鴻さんにご協力いただきました。

（編集部）

チョウはなぜ飛ぶか　岩波少年文庫 251

2020 年 5 月 15 日　第 1 刷発行
2022 年 7 月 15 日　第 3 刷発行

作　者　日高敏隆《ひだかとしたか》

発行者　坂本政謙

発行所　株式会社 岩波書店
〒101-8002 東京都千代田区一ツ橋 2-5-5
電話案内 03-5210-4000
https://www.iwanami.co.jp/

印刷・三陽社　カバー・半七印刷　製本・中永製本

ISBN 978-4-00-114251-8　Printed in Japan
NDC 914　262 p.　18 cm
JASRAC 出 2003392-203

岩波少年文庫創刊五十年――新版の発足に際して

心躍る辺境の冒険、海賊たちの不気味な唄、垣間みる大人の世界への不安、魔法使いの老婆が棲む深い森、無垢の少年たちの友情と別離……幼少期の読書の記憶の断片は、個個人のその後の人生のさまざまな局面で、あるときは勇気と励ましを与え、またあるときは孤独への慰めともなり、意識の深層に蔵され、原風景として消えることがない。

岩波少年文庫は、今を去る五十年前、敗戦の廃墟からたちあがろうとする子どもたちに海外の児童文学の名作を原作の香り豊かな平明正確な翻訳として提供する目的で創刊された。幸いにして、新しい文化を渇望する若い人びとをはじめ両親や教育者たちの広範な支持を得ることができ、三代にわたって読み継がれ、刊行点数も三百点を超えた。

時は移り、日本の子どもたちをとりまく環境は激変した。自然は荒廃し、物質的な豊かさを追い求めた経済の成長は子どもの精神世界を分断し、学校も家庭も変貌を余儀なくされた。いまや教育の無力さえ声高に叫ばれる風潮であり、多様な新しいメディアの出現も、かえって子どもたちを読書の楽しみから遠ざける要素となっている。

しかし、そのような時代であるからこそ、歳月を経てなおその価値を減ぜず、国境を越えて人びとの生きる糧となってきた書物に若い世代がふれることは、彼らが広い視野を獲得し、新しい時代を拓いてゆくために必須の条件であろう。ここに装いを新たに発足する岩波少年文庫は、創刊以来の方針を堅持しつつ、新しい海外の作品にも目を配るとともに、既存の翻訳を見直し、さらに、美しい現代の日本語で書かれた文学作品や科学物語、ヒューマン・ドキュメントにいたる、読みやすいすぐれた著作も幅広く収録してゆきたいと考えている。

幼いころからの読書体験の蓄積が長じて豊かな精神世界の形成をうながすとはいえ、読書は意識して習得すべき生活技術の一つでもある。岩波少年文庫は、その第一歩を発見するために、子どもとかつて子どもだったすべての人びとにひらかれた書物の宝庫となることをめざしている。

（二〇〇〇年六月）

岩波少年文庫

001 星の王子さま
サン＝テグジュペリ作／内藤 濯訳

002 長い長いお医者さんの話
チャペック作／中野好夫訳

003 ながいながいペンギンの話
いぬい とみこ作

004 グレイ・ラビットのおはなし
079 西風のくれた鍵
119 氷の花たば
アトリー作／石井桃子、中川李枝子訳

005~7 アンデルセン童話集 1~3
大畑末吉訳

008 クマのプーさん
009 プー横丁にたった家
A・A・ミルン作／石井桃子訳

010 注文の多い料理店
―イーハトーヴ童話集
011 風の又三郎
012 銀河鉄道の夜
宮沢賢治作

013 かもとりごんべえ
―ゆかいな昔話50選
稲田和子編

014 長くつ下のピッピ
015 ピッピ船にのる
016 ピッピ 南の島へ
080 ミオよ わたしのミオ
085 はるかな国の兄弟
092 山賊のむすめローニャ
128 やかまし村の子どもたち
129 やかまし村の春・夏・秋・冬
130 やかまし村はいつもにぎやか
リンドグレーン作／大塚勇三訳

105 さすらいの孤児ラスムス
121 名探偵カッレくん
122 カッレくんの冒険
123 名探偵カッレとスパイ団
222 わたしたちの島で
リンドグレーン作／尾崎 義訳

194 おもしろ荘の子どもたち
195 川のほとりのおもしろ荘
210 エーミルはいたずらっ子
211 エーミルとクリスマスのごちそう
212 エーミルの大すきな友だち
リンドグレーン作／石井登志子訳

▷書名の上の番号：001～ 小学生から，501～ 中学生から

岩波少年文庫

017 ゆかいなホーマーくん
マックロスキー作／石井桃子訳
018 エーミールと探偵たち
019 エーミールと三人のふたご
060 点子ちゃんとアントン
138 ふたりのロッテ
141 飛ぶ教室
ケストナー作／池田香代子訳
020 イソップのお話
河野与一編訳

〈ドリトル先生物語・全13冊〉
021 ドリトル先生アフリカゆき
022 ドリトル先生航海記
023 ドリトル先生の郵便局
024 ドリトル先生のサーカス
025 ドリトル先生の動物園
026 ドリトル先生のキャラバン
027 ドリトル先生と月からの使い
028 ドリトル先生月へゆく
029 ドリトル先生月から帰る
030・1 ドリトル先生と秘密の湖 上下
032 ドリトル先生と緑のカナリア
033 ドリトル先生の楽しい家
ロフティング作／井伏鱒二訳

〈ナルニア国ものがたり・全7冊〉
034 ライオンと魔女
035 カスピアン王子のつのぶえ
036 朝びらき丸 東の海へ
037 銀のいす
038 馬と少年
039 魔術師のおい
040 さいごの戦い
C・S・ルイス作／瀬田貞二訳
041 トムは真夜中の庭で
フィリパ・ピアス作／高杉一郎訳
042 真夜中のパーティー
フィリパ・ピアス作／猪熊葉子訳
043 お話を運んだ馬
074 まぬけなワルシャワ旅行
シンガー作／工藤幸雄訳
044 冒険者たち―ガンバと15ひきの仲間
045 グリックの冒険
046 ガンバとカワウソの冒険
斎藤惇夫作／薮内正幸画
231・2 哲夫の春休み 上下
斎藤惇夫作／金井田英津子画
047 不思議の国のアリス
048 鏡の国のアリス
ルイス・キャロル作／脇 明子訳

▷書名の上の番号：001〜 小学生から，501〜 中学生から

岩波少年文庫

▷書名の上の番号：001〜 小学生から，501〜 中学生から

岩波少年文庫

075 クルミわりとネズミの王さま　ホフマン作／上田真而子訳
077 ピノッキオの冒険　コッローディ作／杉浦明平訳
078 肥後の石工
132 浦上の旅人たち　今西祐行作
081 クジラがクジラになったわけ　テッド・ヒューズ作／河野一郎訳
082 ムギと王さま—本の小べや1
083 天国を出ていく—本の小べや2　ファージョン作／石井桃子訳
086 ぼくがぼくであること　山中　恒作
088 ほんとうの空色　バラージュ作／徳永康元訳

089 ネギをうえた人—朝鮮民話選　金素雲編
090・1 アラビアン・ナイト　上下　ディクソン編／中野好夫訳
093・4 トム・ソーヤーの冒険　上下　マーク・トウェイン作／石井桃子訳
095 マリアンヌの夢　キャサリン・ストー作／猪熊葉子訳
096 けものたちのないしょ話—中国民話選　君島久子編訳
097 あしながおじさん　ウェブスター作／谷口由美子訳
098 ごんぎつね　新美南吉作
099 たのしい川べ　ケネス・グレーアム作／石井桃子訳

101 みどりのゆび　ドリュオン作／安東次男訳
102 少女ポリアンナ
103 ポリアンナの青春　エリナー・ポーター作／谷口由美子訳
143 ぼく、デイヴィッド　エリナー・ポーター作／中村妙子訳
104 月曜日に来たふしぎな子　ジェイムズ・リーブズ作／神宮輝夫訳
106・7 ハイジ　上下　シュピリ作／上田真而子訳
108 お姫さまとゴブリンの物語
109 カーディとお姫さまの物語
133 かるいお姫さま
227・8 北風のうしろの国　上下　マクドナルド作／脇　明子訳
110・1 思い出のマーニー　上下　ロビンソン作／松野正子訳

▷書名の上の番号：001〜 小学生から，501〜 中学生から

岩波少年文庫

112 オズの魔法使い　フランク・ボーム作／幾島幸子訳
113 ペロー童話集　天沢退二郎訳
114 フランダースの犬　ウィーダ作／野坂悦子訳
115 元気なモファットきょうだい
116 ジェーンはまんなかさん
117 すえっ子のルーファス　エスティス作／渡辺茂男訳
118 モファット博物館　エスティス作／松野正子訳
120 青い鳥　メーテルリンク作／末松氷海子訳
124・5 秘密の花園 上下　バーネット作／山内玲子訳
162・3 消えた王子 上下　バーネット作／中村妙子訳
209 小公子
216 小公女　バーネット作／脇 明子訳

126 太陽の東月の西　アスビョルンセン編／佐藤俊彦訳
127 モ モ　ミヒャエル・エンデ作／大島かおり訳
207 ジム・ボタンの機関車大旅行
208 ジム・ボタンと13人の海賊　エンデ作／上田真而子訳
131 星の林に月の船 ―声で楽しむ和歌・俳句　大岡 信編
134 小さい牛追い
135 牛追いの冬　ハムズン作／石井桃子訳
136・7 とぶ船 上下　ヒルダ・ルイス作／石井桃子訳

139 ジャータカ物語 ―インドの古いおはなし　辻直四郎、渡辺照宏訳
142 まぼろしの白馬　エリザベス・グージ作／石井桃子訳
144 きつねのライネケ　ゲーテ作／上田真而子編訳　小野かおる画
145 風の妖精たち　ド・モーガン作／矢川澄子訳
147・8 グリム童話集 上下　佐々木田鶴子訳／出久根育絵
150 あらしの前
151 あらしのあと　ドラ・ド・ヨング作／吉野源三郎訳
152 北のはてのイービク　フロイゲン作／野村 泫訳
153 美しいハンナ姫　ケンジョジーナ作／マルコーラ絵／足達和子訳

▷書名の上の番号：001～ 小学生から，501～ 中学生から

岩波少年文庫

154 シュトッフェルの飛行船
エーリカ・マン作／若松宣子訳

155 オタバリの少年探偵たち
セシル・デイ＝ルイス作／脇　明子訳

156・7 ふたごの兄弟の物語 上下
214・5 七つのわかれ道の秘密 上下
トンケ・ドラフト作／西村由美訳

158 マルコヴァルドさんの四季
カルヴィーノ作／関口英子訳

159 ふくろ小路一番地
ガーネット作／石井桃子訳

160 指ぬきの夏
201 土曜日はお楽しみ
エンライト作／谷口由美子訳

161 黒ねこの王子カーボネル
バーバラ・スレイ作／山本まつよ訳

164 ふしぎなオルガン
レアンダー作／国松孝二訳

165 りこうすぎた王子
ラング作／福本友美子訳

166 青矢号 おもちゃの夜行列車
200 チポリーノの冒険
213 兵士のハーモニカ
―ロダーリ童話集
ロダーリ作／関口英子訳

〈アーミテージ一家のお話1〜3〉
167 おとなりさんは魔女
168 ねむれなければ木にのぼれ

169 ゾウになった赤ちゃん
エイキン作／猪熊葉子訳

〈ランサム・サーガ〉
170・1 ツバメ号とアマゾン号 上下
172・3 ツバメの谷 上下
174・5 ヤマネコ号の冒険 上下
176・7 長い冬休み 上下
178・9 オオバンクラブ物語 上下
180・1 ツバメ号の伝書バト 上下
182・3 海へ出るつもりじゃなかった 上下
184・5 ひみつの海 上下
186・7 六人の探偵たち 上下
188・9 女海賊の島 上下
190・1 スカラブ号の夏休み 上下
192・3 シロクマ号となぞの鳥 上下
ランサム作／神宮輝夫訳

▷書名の上の番号：001〜 小学生から，501〜 中学生から

岩波少年文庫

▷書名の上の番号：001〜 小学生から，501〜 中学生から

岩波少年文庫

501・2 はてしない物語 上下
エンデ作／上田真而子、佐藤真理子訳

503～5 モンテ・クリスト伯 上中下
デュマ作／竹村 猛編訳

561・2 三銃士 上下
デュマ作／生島遼一訳

506 ドン・キホーテ
セルバンテス作／牛島信明編訳

507 聊斎志異《りょうさいしい》
蒲松齢作／立間祥介編訳

508 古事記物語
福永武彦作

509 羅生門《らしょうもん》 杜子春《としじゅん》
芥川龍之介作

510 科学と科学者のはなし
──寺田寅彦エッセイ集

555 雪は天からの手紙
──中谷宇吉郎エッセイ集
池内 了編

511 農場にくらして
アトリー作／上條由美子、松野正子訳

512 波 紋
リンザー作／上田真而子訳

513・4 ファーブルの昆虫記 上下
大岡 信編訳

〈ローラ物語・全5冊〉

515 長い冬

516 大草原の小さな町

517 この楽しき日々

518 はじめの四年間

519 わが家への道─ローラの旅日記
ワイルダー作／谷口由美子訳

520 あのころはフリードリヒがいた

567 ぼくたちもそこにいた

571 若い兵士のとき
リヒター作／上田真而子訳

521 シャーロック・ホウムズ まだらのひも

522 シャーロック・ホウムズ 最後の事件

523 シャーロック・ホウムズ 空き家の冒険

524 シャーロック・ホウムズ バスカーヴィル家の犬
ドイル作／林 克己訳

525 怪盗ルパン

526 ルパン対ホームズ

527 奇岩城
モーリス・ルブラン作／榊原晃三訳

528 宝 島

552 ジーキル博士とハイド氏
スティーヴンスン作／海保眞夫訳

529 イワンのばか
トルストイ作／金子幸彦訳

530 タイムマシン
H・G・ウェルズ作／金原瑞人訳

▷書名の上の番号：001～ 小学生から，501～ 中学生から